先进制造应用禁忌系列丛书

铝合金焊接操作技巧与禁忌

主　编　王　波　谢平华

副主编　赵　卫　彭勇军

机械工业出版社

CHINA MACHINE PRESS

本书主要包括概述、铝合金焊前准备、铝合金焊接设备操作与禁忌、铝合金手工钨极氩弧焊操作技巧与禁忌、铝合金熔化极氩弧焊操作技巧与禁忌、铝合金机器人焊接操作技巧与禁忌、铝合金搅拌摩擦焊操作技巧与禁忌、铝合金激光焊操作技巧与禁忌等内容，并列举了多个焊接生产中的实例，可全面指导铝合金焊接零基础焊工的实际操作训练。

本书图文并茂，兼顾理论与实践，是铝合金焊接零基础焊工学习必备的工具书，也可作为各单位焊工培训的参考资料。

图书在版编目（CIP）数据

铝合金焊接操作技巧与禁忌 / 王波，谢平华主编 . —北京：机械工业出版社，2022.12（2024.10 重印）

（先进制造应用禁忌系列丛书）

ISBN 978-7-111-71795-9

Ⅰ . ①铝… Ⅱ . ①王…②谢… Ⅲ . ①铝合金－焊接工艺 Ⅳ . ① TG457.14

中国版本图书馆 CIP 数据核字（2022）第 189580 号

机械工业出版社（北京市百万庄大街 22 号 邮政编码 100037）
策划编辑：张维官 责任编辑：邵 蕊
责任校对：王 颖 责任印制：李 昂
北京捷迅佳彩印刷有限公司印刷
2024 年 10 月第 1 版第 4 次印刷
184mm×260mm · 13.5 印张 · 332 千字
标准书号：ISBN 978-7-111-71795-9
定价：79.00 元

电话服务 网络服务
客服电话：010-88361066 机 工 官 网：www.cmpbook.com
　　　　　010-88379833 机 工 官 博：weibo.com/cmp1952
　　　　　010-68326294 金 书 网：www.golden-book.com
封底无防伪标均为盗版 机工教育服务网：www.cmpedu.com

编审委员会

前　言

　　随着近年来科学技术以及工业经济的飞速发展，各行业对铝合金焊接结构件的需求日益增多，使铝合金的焊接性研究也随之深入。铝合金在航空、航天、轨道交通车辆、汽车制造、机械制造、船舶、化学工业及建材工业中已大量应用，特别是在发展高速铁路车辆、地铁车辆、轻轨等方面，铝及铝合金的应用已越来越广泛。为积极响应国家科技强国号召、推动国家职业教育改革进程、提升铝合金轨道交通车辆的制造技术、培训铝及铝合金焊接人才队伍，特组织编写了《铝合金焊接操作技巧与禁忌》，以指导焊工操作。

　　本书根据2018《焊工国家职业技能标准》的技能操作要求，组织了一批长期从事轨道交通铝合金焊接工作、经验丰富的资深技能专家和工程技术人员编写，内容紧密结合生产实际，力求技能操作与禁忌重点突出、少而精，做到知识讲解深入浅出、图文并茂、通俗易懂，便于焊工培训和学习。本书共9章，主要内容包括：概述、铝合金焊前准备、铝合金焊接设备操作与禁忌、铝合金手工钨极氩弧焊操作技巧与禁忌、铝合金熔化极氩弧焊操作技巧与禁忌、铝合金机器人焊接操作技巧与禁忌、铝合金搅拌摩擦焊操作技巧与禁忌、铝合金激光焊操作技巧与禁忌及铝合金焊接安全与劳动保护。

　　本书在焊工操作技能方面贯彻了学以致用的原则，既有详细的操作步骤，又有操作技巧和焊接禁忌。本书既可作为零基础焊工学习铝合金焊接方法必备的工具书，又可作为企业及职业技能学校的培训教材，还可作为焊接技师、焊接工程技术人员的参考资料。

　　本书由王波、谢平华任主编，赵卫、彭勇军任副主编，刘昌盛、朱献、周海华、唐亚红、苏振、许贤杰、尹子文、周培植参与编写，由周永东主审。本书在编写过程中参阅了部分著作、技术标准，在此向相关作者表示最诚挚的感谢。本书的编写得到了中车株洲电力机车有限公司工会技师协会、车体事业部工会、中车公司资深技能专家的大力支持和帮助，同时得到了金属加工杂志社的大力支持与帮助，在此表示衷心感谢。

　　由于时间仓促，编者水平有限，书中不足之处在所难免，恳请广大读者批评指正。

编　者

目 录

第1章

概　　述

1.1　铝及铝合金概述

　　纯铝为银白色轻金属，熔点低（658℃），密度小（2.72g/cm³），比铜轻 2/3，耐蚀性好，导热性能高，具有良好的导电性（电导率仅次于金、银、铜）、抗氧化性和耐蚀性，应用非常广泛。铝具有面心立方结构，没有同素异构转变，塑性好，且无低温脆性转变，但强度低。

1.2　铝及铝合金分类及牌号

1.2.1　铝及铝合金材料的分类

　　根据化学成分和制造工艺，铝及铝合金材料的分类如图 1-1 所示。

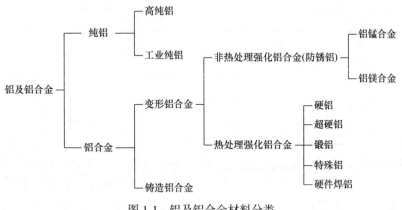

图 1-1　铝及铝合金材料分类

　　1. 纯铝

　　1）高纯铝。高纯铝中铝的质量分数不低于 99.999%，主要用途为制作高纯铝合金、电子工业的导电元件和激光材料等。

　　2）工业纯铝。工业纯铝中铝的质量分数在 99% 以上，熔点为 660℃，熔化时无任何颜色变化，表面易形成致密的氧化膜，具有良好的耐蚀性。纯铝的热导率约为低碳钢的 5 倍，线胀系数约为低碳钢的 2 倍。纯铝强度很低，不适合作为结构材料。退火状态的铝板抗拉强度为 60 ～ 100MPa，伸长率为 35% ～ 40%。

2. 铝合金

在纯铝中加入合金元素冶炼出来的材料称为铝合金,生产铝合金的目的是提高材料强度并获得其他需要的性能。铝合金按工艺性能特点可分为变形铝合金和铸造铝合金两大类。

(1)变形铝合金 变形铝合金为单相固溶体组织,变形能力较强,适用于锻造和压延。变形铝合金可分为非热处理强化铝合金和热处理强化铝合金。

1)非热处理强化铝合金。非热处理强化铝合金主要有 Al-Mn 合金和 Al-Mg 合金等,主要通过加入锰、镁等元素的固溶强化和加工硬化作用提高合金的力学性能,不能通过热处理来提高其强度,但强度比纯铝高。其特点是强度中等,具有优良的耐蚀性、塑性和压力加工性,在铝合金材料中其焊接性最好,是目前铝合金焊接结构中应用最广的铝合金材料。Al-Mn、Al-Mg 合金的化学成分及力学性能分别见表 1-1、表 1-2。

表 1-1　Al-Mn、Al-Mg 合金的化学成分(质量分数)　(%)

牌号	Mg	Mn 或 Cr	Si	Ti	Be	杂质
5A02	2.0 ～ 2.8	0.15 ～ 0.4	0.40	0.15	—	—
5A05	4.0 ～ 5.5	0.3 ～ 0.6	0.50	—	—	≤ 1.8
5A06	5.8 ～ 6.8	0.5 ～ 0.8	0.40	0.02 ～ 0.1	0.001 ～ 0.005	≤ 1.2
3A21	0.05	1.0 ～ 1.6	0.70	0.15	—	≤ 1.75

表 1-2　纯铝、Al-Mg、Al-Mn 合金的力学性能

牌号	材料状态	R_b/MPa	R_s/MPa	A(%)	Z(%)	(HBW)
1035	冷作硬化	140	10	12	—	32
8A06	退火	90	3	30	—	25
5A02	退火	200	10	23	—	45
	冷作硬化	250	21	6	—	60
5A05	退火	270	15	23	—	70
3A21	退火	150	5	20	70	30
	冷作硬化	100	13	10	55	40

2)热处理强化铝合金。热处理强化铝合金可通过固溶、淬火、时效等工艺提高力学性能,主要分为硬铝、超硬铝和锻铝。铝合金经热处理后可显著提高抗拉强度,但焊接性较差,熔化焊时产生焊接裂纹的倾向较大,焊接接头的力学性能(主要是抗拉强度)严重下降。

硬铝的牌号是按铜增加的顺序编排的。Cu 是硬铝的主要成分,为了得到较高的强度,Cu 含量一般应控制在 4.0% ～ 4.8%。Mn 也是硬铝的主要成分,主要作用是消除 Fe 对耐蚀性的不利影响,还能细化晶粒、加速时效硬化。在硬铝合金中,Cu、Si、Mg 等元素能形成溶解于铝的化合物,从而促使硬铝合金在热处理时强化。退火状态下硬铝的抗拉强度为 160 ～ 220MPa,经过淬火时效后抗拉强度增加至 312 ～ 460MPa。但硬铝的耐蚀性差,因此为了提高铝合金的耐蚀性,常在硬铝板材表面覆盖一层工业纯铝作为保护层。

超硬铝合金中 Zn、Mg、Cu 的平均总的质量分数可达 9.7% ～ 13.5%,是航空航天工业

中强度最高（抗拉强度达 500～600MPa）和应用最多的一种轻合金材料。但超硬铝的塑性和焊接性差，焊接接头强度远低于母材。而且由于合金中 Zn 含量较多，所以产生晶间腐蚀及焊接热裂纹的倾向较大。

锻铝可以进行淬火－时效强化，不仅在高温下具有良好的塑性，而且 Cu 含量越少热塑性越好，故适用于制造锻件及冲压件。另外，由于锻铝具有中等强度和优良的耐蚀性，因此在工业中得到广泛应用。

（2）铸造铝合金　分为 Al-Si 合金、Al-Cu 合金、Al-Mg 合金和 Al-Zn 合金四类，其中 Al-Si 合金应用最广泛。

铸造铝合金中由于含有共晶组织，流动性好，因此这类合金最大的优点是铸造性能优良，并有良好的耐蚀性和耐热性，可加工性好，焊接性也较好，常用来制造发动机和内燃机的零件等。

1.2.2　铝及铝合金材料牌号

（1）材料牌号　按照 GB/T 16474—2011《变形铝及铝合金牌号表示方法》的规定，变形铝及铝合金的新牌号用数字与字母组成的四位字符表示，牌号的第一位数字表示铝及铝合金的组别，见表 1-3。

表 1-3　铝及铝合金的组别

组别	牌号
纯铝（铝的质量分数不小于 99.00%）	1×××
以铜为主要合金元素的铝合金	2×××
以锰为主要合金元素的铝合金	3×××
以硅为主要合金元素的铝合金	4×××
以镁为主要合金元素的铝合金	5×××
以镁和硅为主要合金元素并以 Mg_2Si 为强化相的铝合金	6×××
以锌为主要合金元素的铝合金	7×××
以其他合金元素为主要合金元素的铝合金	8×××
备用合金组	9×××

1）1××× 系列。纯铝代表为 1050、1060 和 1100。在所有系列中 1××× 系铝含量最多，纯度可以达到 99.00% 以上。1××× 系铝板根据最后两位阿拉伯数字来确定这个系列的最低铝含量，比如 1050 系列最后两位阿拉伯数字为 50，其铝的质量分数达到 99.5% 以上方为合格产品。

2）2××× 系列。铝合金代表为 2024、2A16 和 2A02。2××× 系铝板的特点是硬度较高，其中以铜元素含量最高，铜质量分数为 3%～5%。2××× 系铝棒属于航空铝材，一般工业中不常采用。

3）3××× 系列。铝合金代表为 3003 和 3A21。我国 3××× 系列铝板生产工艺较为成熟。3××× 系列铝棒是由锰元素为主要成分，锰的质量分数为 1.0%～1.5%，是一种耐蚀性较好的铝合金。

4）4××× 系列。铝棒代表为 4A01。4××× 系列的铝板硅含量较高，通常硅的质量分数在 4.5%～6.0%，为建筑用材料、机械零件锻造用材料和焊接材料；其熔点低、耐蚀性好。

3

5）5×××系列。铝合金代表为5052、5005、5083和5A05。5×××系列铝棒属于较常用的铝合金，主要元素为镁，镁质量分数为3%～5%，又可以称为Al-Mg合金。主要特点为密度低、抗拉强度、伸长率和疲劳强度高，但不可做热处理强化，一般工业中应用较为广泛。

6）6×××系列。铝合金代表为6061。主要含有镁和硅两种元素，适用于对耐蚀性和抗氧化性要求高的部件。容易涂层，加工性好。

7）7×××系列。铝合金代表为7075。主要含有锌元素，也属于航空铝材，是Al-Mg-Zn-Cu合金，可热处理强化，属于超硬铝合金，具有良好的耐磨性和焊接性，但耐蚀性较差。

8）8×××系列。铝合金代表为8011，大部分应用于生产铝箔，在生产铝棒方面不太常用。

（2）状态代号　按照GB/T 16475—2008《变形铝及铝合金状态代号》的规定，状态代号分基础状态代号和细分状态代号。基础状态代号用一个英文大写字母表示，细分状态代号采用基础代号后缀一位或多位阿拉伯数字或英文大写字母表示。铝及铝合金有下列5种基础状态：

F——自由加工状态。适用于在成形过程中，对于加工硬化和热处理条件无特殊要求的产品，该状态产品对力学性能不作规定。

O——退火状态。适用于经完全退火后获得最低强度的产品状态。

H——加工硬化状态。适用于通过加工硬化提高强度的产品，且在加工硬化后可经过（也可不经过）使强度有所降低的附加热处理。H代号后面必须有两位或三位阿拉伯数字。例如：H111—适用于最终退火后又进行适量的加工硬化，但加工硬化程度又不及H11状态的产品。

W——固溶处理状态。适用于经固溶处理后，在室温下自然时效的一种不稳定状态，该状态不作为产品交货状态，仅表示产品处于自然时效阶段。

T——不同于F、O或H状态的热处理状态。适用于固溶处理后，经过（或不经过）加工硬化达到稳定的状态。T代号后面必须附加一位或多位阿拉伯数字。例如：T6—固溶处理后再人工时效的状态。

（3）新旧牌号对照　铝及铝合金新、旧牌号对照，见表1-4。

表1-4　铝及铝合金新、旧牌号对照（摘自GB/T 3190—2020）

新牌号	旧牌号	新牌号	旧牌号	新牌号	旧牌号
1035	代L4	1A93	原LG3	2A02	原LY
1050	—	1A95	—	2A04	原LY4
1050A	代L3	1A97	原LG4	2A13	原LY1
1060	代L2	1A99	原LG5	2A14	原LD1
1070	—	2004	—	2A16	原LY11
1070A	代L1	2011	—	2A17	原LY12
1080	—	2014	—	2A20	原LY23
1080A	—	2014A	—	2A21	曾用214
1100	代L5-1	2017	—	2A25	曾用225
1145	—	2017A	—	2A49	曾用149
1200	代L5	2024	—	2A50	曾用LD5
1235	—	2117	—	2A70	原LD7

（续）

新牌号	旧牌号	新牌号	旧牌号	新牌号	旧牌号
1350	—	2124		2A80	原LD8
1370	—	2214	—	2A90	原LD9
1A30	原L4-1	2218	—	2B11	原LY8
1A50	原LB-2	2219	曾用LY19	2B12	原LY9
1A85	原LG1	2618		2B16	曾用LY16-1
1A90	原LG2	2A01	原LY1	2B50	原LD6
2B70	曾用LD7-1	5050	—	5A30	曾用LF16
2A06	原LY6	5052	—	5A33	原LF33
2A10	原LY10	5056	原LF5-1	5A41	原LT41
2A11	原LY11	5082	—	5A43	原LF43
2A12	原LY12	5083	原LF4	5A66	原LT66
3105	—			5B05	原LF10
3A21	原LF21	5154	—	5B06	原LF14
3003	—	5154A		6005	—
3004	—	5182	—	6005A	—
3005	—	5183		6060	—
3103	—	5251		6061	原LD30
4004	—	5356		6063	原LD31
4032	—	5454	—	6063A	—
4043	—	5456		6070	原LD2-2
4043A	—	5554		6082	—
4047	—	5754	—	6101	
4047A	—	5A01	曾用LF15	6101A	
4A01	原LT1	5A02	原LF2	6181	
4A11	原LD11	5A03	原LF3	6351	
4A13	原LT13	5A05	原LF5	6A02	原LD2
4A17	原LT17	5A06	原LF6	6A51	曾用651
5005	—	5A12	原LF12	6B02	原LD2-1
5019		5A13	原LF13	7003	原LC12
7005	—	7A03	原LC3	7A31	曾用L83-1
7020		7A04	原LC4	7A33	曾用LB733
7022	—	7A05	曾用705	7A52	曾用LC52
7050	—	7A09	原LC9	8011	曾用LT98
7075	—	7A10	原LC10	8090	
7475	—	7A15	曾用LC15	8A06	原L6
7A01	原LB1	7A19	曾用LC19	—	—

（4）化学成分　常用纯铝及变形铝合金的主要化学成分见表1-5。

表 1-5 常用纯铝及变形铝合金的主要化学成分（质量分数）

(%)

牌号	Si	Fe	Cu	Mn	Mg	Cr	Ni	Zn	Ti	Zr	Al
1070A	0.20	0.25	0.03	0.03	0.03	—	—	0.07	0.03	—	99.70
1060	0.25	0.35	0.05	0.03	0.03	—	—	0.05	0.03	—	99.60
1050A	0.25	0.40	0.05	0.05	0.05	—	—	0.07	0.05	—	99.50
1035	0.35	0.60	0.10	0.05	0.05	—	—	0.10	0.03	—	99.35
1200	—	—	0.05	0.05	—	—	—	0.10	0.05	—	99.00
8A06	0.55	0.50	0.10	0.10	0.10	—	—	0.10	—	—	余量
5A02	0.40	0.40	0.10	或 Cr: 0.15~0.40	2.0~2.8	—	—	—	0.15	—	余量
5A03	0.50~0.80	0.50	0.10	0.30~0.60	3.2~3.8	—	—	0.20	0.15	—	余量
5A05	0.50	0.50	0.10	0.30~0.60	4.8~5.5	—	—	0.20	—	—	余量
5A06	0.40	0.40	0.10	0.50~0.80	5.8~6.8	—	—	0.20	0.02~0.10	—	余量
5B05	0.40	0.40	0.20	0.20~0.60	4.7~5.7	—	—	—	0.15	—	余量
5B06	0.40	0.40	0.10	0.50~0.80	5.8~6.8	—	—	0.20	0.10~0.30	—	余量
3A21	0.60	0.70	0.20	1.0~1.6	0.05	—	—	0.10	0.15	—	余量
2A06	0.50	0.50	3.8~4.3	0.5~1.0	1.7~2.3	—	—	0.10	0.03~0.15	—	余量
2A11	0.70	0.70	3.8~4.8	0.4~0.8	0.4~0.8	—	0.10	0.30	0.15	—	余量
2A12	0.50	0.50	3.8~4.9	0.3~0.9	1.2~1.8	—	0.10	0.30	0.15	—	余量
2A16	0.30	0.30	6.0~7.0	0.4~0.8	0.05	—	—	0.10	0.1~0.2	0.20	余量
6A02	0.5~1.2	0.50	0.2~0.6	Cr: 0.15~0.35	0.45~0.9	—	—	0.20	0.15	—	余量
2A70	0.35	0.9~1.5	1.9~2.5	0.20	1.4~1.8	—	0.9~1.5	0.30	0.02~0.10	—	余量
2A80	0.5~1.2	1.0~1.6	1.9~2.5	0.20	1.4~1.8	—	0.9~1.5	0.30	0.15	—	余量
2A14	0.6~1.2	0.70	3.9~4.8	0.4~1.0	0.4~0.8	—	0.10	0.30	0.15	—	余量
7A04	0.50	0.50	1.4~2.0	0.2~0.6	1.8~2.8	0.1~0.25	—	5.0~7.0	0.10	—	余量
7A09	0.50	0.50	1.2~2.0	0.15	2.0~3.0	0.16~0.3	—	5.1~6.1	0.10	—	余量
4A01	4.5~6.0	0.60	0.20	—	—	—	—	—	0.15	—	余量

注：Be 含量均按规定加入，可不做分析。

（5）铸造铝合金牌号和代号

1）铸造铝合金牌号。按照 GB/T 8063—2017《铸造有色金属及其合金牌号表示方法》规定，铸造铝合金牌号表示方法如下：

铸造纯铝：

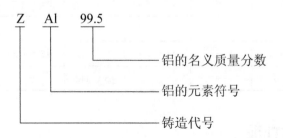

铸造铝合金：

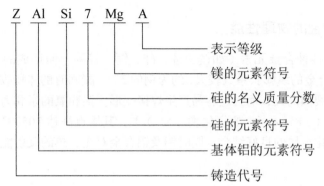

2）铸造铝合金的代号。按照 GB/T 1173—2013《铸造铝合金》规定，铸造铝合金的代号表示为：

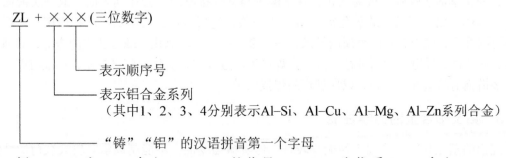

例：ZL101 为 Al-Si 合金 ZAlSi7Mg 的代号；ZL201A 为优质 Al-Cu 合金 ZAlCu5MnA 的代号。

（6）铸铝化学成分　铸造铝合金的主要化学成分，见表 1-6。

表 1-6　铸造铝合金的主要化学成分（质量分数）　　　　　　　（%）

牌号	代号	Si	Cu	Mg	Mn	Ti	Al
ZAlSi7Mg	ZL101	6.5～7.5	—	0.25～0.45	—	—	余量
ZAlSi12	ZL102	10.0～13.0	—	—	—	—	余量
ZAlSi9Mg	ZL104	8.0～10.5	—	0.17～0.35	0.20～0.50	—	余量

牌号	代号	Si	Cu	Mg	Mn	Ti	Al
ZAlSi5CulMg	ZL105	4.5 ~ 5.5	1.0 ~ 1.5	0.4 ~ 0.6	—	—	余量
ZAlCu5Mn	ZL201	—	4.5 ~ 5.3	—	0.6 ~ 1.0	0.15 ~ 0.35	余量
ZAlCu4	ZL203	—	4.0 ~ 5.0	—	—	—	余量
ZAlCu5MnCdVA	ZL205A	—	4.6 ~ 5.3	—	0.3 ~ 0.5	0.15 ~ 0.35	余量
ZAlMg10	ZL301	—	—	9.5 ~ 11.0	—	—	余量

1.3 铝及铝合金性能

1.3.1 铝及铝合金的物理性能

在纯铝中加入各种合金元素（如镁、锰、硅、铜、锌等）而形成的铝合金强度较高、应用广泛，铝及铝合金的线膨胀系数较大，约为钢的 2 倍，凝固时的体积收缩率达 6.5% 左右，因此，工件不仅热裂倾向大，而且还容易产生焊接变形。铝和氧的亲和力大，在空气中极易氧化，生成高密度（$3.85g/cm^3$）的氧化膜（Al_2O_3），其熔点高达 2050℃，此氧化膜在焊接过程中，会阻碍熔化金属的良好结合，同时铝及铝合金对光、热的反射能力较强，加热熔化时颜色无变化。

1.3.2 铝及铝合金的化学性能

铝的化学活泼性强，极易氧化，在室温中与空气接触时，会在其表面生成一层薄而致密并与基体金属牢固结合的氧化铝（Al_2O_3）薄膜，这层氧化膜对金属起保护作用，使铝合金具有耐蚀性，能阻止氧向金属内扩散，防止金属进一步被氧化。随着杂质的增加，其强度增大，而塑性、导电性和耐蚀性下降。在焊接生产过程中，氧化铝较难控制，焊接时需要采取很多措施清除这种氧化膜，以保证产品焊接质量。

1.3.3 铝及铝合金的力学性能

纯铝的塑性和冷、热加工性能均较好，但机械强度低，不能制成承受较大载荷的结构或零件。为此，可在纯铝中加入不同种类、数量的合金元素（如锰、镁、铜、锌、硅及稀土元素等），以改变其组织结构，从而提高强度并获得所需的不同性能的铝合金，使之适宜制作各种承载结构或零件，一般随着合金元素的增加，铝合金的强度也随之增加，而塑性则随之下降。但通过冷压加工和热处理方式能在很广的范围内改变铝及铝合金的力学性能，通常用于焊接的铝及铝合金均是经过冷压加工或热处理的，但焊接时产生的高温会对这些铝及铝合金的力学性能有所影响，对热处理过的铝合金，这种影响与合金元素在铝中的存在状态有关。常加入的合金元素有铜、镁、硅、锌、锰和稀土元素等。加入的合金元素主要通过固溶强化和时效强化来提高铝合金的力学性能。常用铝及铝合金的力学性能见表 1-7。

表 1-7　常用铝及铝合金的力学性能

牌号		状态	R_m/MPa	$R_{P0.2}$/MPa	A（%）
新	旧				
1035	L4	O	80	30	30
8A06	L6	HX8	150	100	6
5A02	LF2	O	190	100	23
		HX4	250	210	6
5A03	LF3	O	200	100	22
		HX4	250	180	8
5A05	LF5	O	260	140	22
		HX8	420	320	10
5A06	LF6	O	325	170	20
5B05	LF10	O	270	150	23
3A21	LF21	O	130	50	23
		HX4	160	130	10
		HX8	220	180	5
2A06	LY6	T4	140	300	20
		HX4	540	440	10
2A11	LY11	O	210	110	18
		T4	420	240	15
2A12	LY12	O	180	100	18
		T4	420	280	18
2A16	LY16	T6	420	300	12
6A02	LD2	O	180	—	30
		T4	220	120	22
		T6	330	280	16
2A70	LD7	T6	440	330	12
2A80	LD8	T6	440	270	10
2A90	LD9	T6	440	280	13
2A14	LD10	T6	490	380	12
7A04	LC4	O	260	130	13
		T6	600	550	12
		O	220	110	18
		T6	540	470	10

注：状态代号表示意义：O—退火，HX4—半冷作硬化，HX8—冷作硬化，T4—固溶处理加自然时效，T6—固溶处理加完全人工时效。

1. 固溶强化

纯铝通过加入合金元素形成铝基固溶体，起固溶强化作用，使其强度提高。Al-Mg、Al-Mn 合金就主要是靠固溶强化来提高强度的，不能通过热处理来提高强度，但可通过冷压加工来提高强度，在铝合金中其焊接性最好，被广泛用于制作焊接结构。

2. 时效强化

铝合金经固溶处理后，获得过饱和固溶体。在随后的室温放置或低温加热保温时，第二相从过饱和固溶体中缓慢析出，引起强度、硬度的提高，以及物理、化学性能的显著变化，该过程称为时效。室温放置过程中使合金产生强化的效应称为自然时效；低温加热过程中使合金产生强化的效应称为人工时效。

铝合金的时效强化或热处理强化，主要是由于合金元素在铝中有较大的固溶度，且随着温度的降低而急剧减小，故铝合金经加热到某一温度淬火后，可以得到过饱和的铝基固溶体。这种过饱和固溶体是不稳定的，有自发分解的倾向，当给予一定的温度与时间条件，就会发生分解，产生析出相，从而强化铝合金。焊接时产生的高温对这类铝合金力学性能的影响很大。用于焊接的这类铝合金主要有 Al-Cu-Mn、Al-Mg-Mn、Al-Mg-Si 和 Al-Zn-Mg 等。

1.4 铝及铝合金的焊接性

所谓焊接性是指金属材料对焊接加工的适应性，主要指在一定的焊接工艺条件下，获得优质焊接接头的难易程度。由于铝及铝合金具有独特的物理、化学性能，导致铝合金焊接存在一系列的困难。铝及铝合金焊接的特点具体有以下几点。

1.4.1 忌氧化

铝和氧的化学结合力很强，常温下表面就能被氧化，另外，铝合金中所含的一些合金元素也极易氧化，在高温条件下氧化更加剧烈，氧化生成一层极薄（厚度为 0.1 ~ 0.2 μm）的氧化膜（主要成分是氧化铝 Al_2O_3）。氧化铝的熔点高达 2050℃，不仅远远超过了铝合金的熔点（660℃），而且氧化膜较为致密，它覆盖在熔池表面影响焊接过程的正常进行，妨碍金属之间的良好结合，导致焊缝出现未熔合缺陷。

氧化膜的密度比铝合金的密度大（约为铝合金的 1.4 倍），因此不易从熔池中浮出，容易在焊缝中形成夹渣。氧化膜还会吸收水分，焊接时促使焊缝产生气孔。此外，氧化膜的电子逸出功低，易发射电子，使电弧飘移不定，影响电弧的稳定性。

防止措施：焊前必须严格清除焊接区母材表面的氧化膜；焊接过程中要有效地保护处于液化状态的金属，防止高温金属的进一步氧化；控制焊接环境的湿度，避免产生气孔；利用阴极破碎作用，不断地破除熔池表面可能新产生的氧化膜，这是铝合金焊接的一个重要特点。

阴极破碎是指当母材为阴极时，利用电弧中质量较大的正离子高速撞击熔池表面的氧化膜，将其击碎并清除的现象。发生阴极破碎作用的基本条件是母材必须为阴极。为此，熔化极氩弧焊应采用直流反极性。钨极氩弧焊应采用交流电源焊接。

1.4.2 忌气孔

铝及铝合金熔化焊时，气孔是焊缝中最常见的焊接缺欠，尤其是纯铝和防锈铝熔化焊时更容易产生。

实践证明，氢是铝合金熔化焊时产生气孔的主要因素，即铝合金焊接时产生的主要是氢气孔。这是因为氮不溶于液态铝，铝又不含碳，因此不会产生氮气孔和一氧化碳气孔，氧和铝有很大的亲和力，二者结合后以氧化铝形式存在，所以也不会产生氧气孔。常温下，由于氢几乎不溶于固态铝，但在高温时能大量地溶于液态铝，所以在凝固点时其溶解度发生突变（见图1-2），原来溶于液体中的氢几乎全部析出，其析出过程是：形成气泡→气泡长大→气泡上浮→气泡逸出。如果形成的气泡已经长大而来不及逸出，便形成气孔；另外，铝合金的密度较小，气泡在熔池里的浮升速度较慢，且铝的导热性很强，凝固较快，不利于气泡浮出，故铝合金焊接易产生气孔。

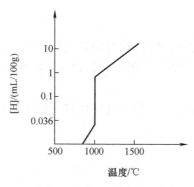

图 1-2　氢在铝中的溶解度

防止措施：铝合金焊接时减少进入液态金属的含氢量，如清理工件和焊丝表面的氧化膜、水、油、锈等污物；不使溶入液态金属中的氢形成气泡，或不让已形成的气泡长大，如加快焊接速度，使熔池很快凝固；让已长大的气泡能充分地排出，如延长熔池冷却时间；尽量在平焊位置进行焊接。

1.4.3　忌热裂纹

铝合金焊接时一般不会产生冷裂纹。

实践证明，纯铝及非热处理强化铝合金焊接时很少产生热裂纹；热处理强化铝合金和高强度铝合金焊接时，热裂纹倾向比较大。热裂纹往往出现在焊缝金属和近缝区上。在焊缝金属中称结晶裂纹，在近缝区则称为液化裂纹。

一方面，由于铝的线膨胀系数比钢将近大一倍，凝固时的结晶收缩又比钢大（体积收缩率达 6.5% 左右），因此焊接时铝合金工件中会产生较大的热应力。另一方面，铝合金高温时强度低、塑性很差（如纯铝在 375℃ 左右时的强度不超过 9.8MPa，在 650℃ 左右的伸长率小于 0.69%），当焊接内应力过大时，很容易使某些铝合金在脆性温度区间内产生热裂纹。此外，当铝合金成分中的杂质超过规定限值时，在熔池中将形成较多的低熔点共晶，两者共同作用的结果是焊缝中容易产生热裂纹。热裂纹是铝合金及高强度铝合金焊接时最常见的严重缺陷之一。

防止措施：焊接生产中常采用调整焊丝成分的方法来防止热裂纹的产生，如采用铝硅焊丝 SALSi-1（ER4043）；采用严格控制焊缝杂质的方法来防止热裂纹的产生；减少焊接应力，如工件不要夹持或降低拘束度；采用合理的焊接工艺对防止热裂纹的产生也是必要的。

1.4.4　忌低热源焊接

铝合金的热导率、热容量都很大，约比钢大一倍多（其热导率约为钢的 2 ~ 4 倍），在焊接过程中，大量的热能被迅速传导到基体金属内部，因此焊接时比钢的热损耗大，需要消耗更多的热量，若要达到与钢相同的焊接速度，则焊接热输入为钢的 2～4 倍，否则易产生未熔合。

防止措施：为了获得高质量的焊接接头，必须采用能量集中、功率大的热源进行焊接，厚大件有必要采取预热、控制环境湿度等工艺措施。

1.4.5　忌烧穿和塌陷

由于铝合金由固态转变为液态时，没有明显的颜色变化，所以焊接过程中操作者不易判断熔池的温度和确定坡口是否熔化。另外，铝合金高温强度低，焊接时常因温度过高而引起熔池金属的塌陷或烧穿。

防止措施：焊接时不宜采用悬空方式进行焊接，应采用加垫板的方法或自带垫板的型材进行焊接。

1.4.6　忌变形

铝合金的导热性强而热容量大，线膨胀系数大，使焊接时容易产生变形。

防止措施：需要采用夹具，以保证装配质量并防止变形，但不能夹持或固定得太紧，否则焊后内应力大，将影响结构尺寸的稳定性，并易产生热裂纹。

1.4.7　合金元素易蒸发和烧损

铝合金中低沸点合金元素，如镁、锰、锌等，在焊接电弧和火焰的高温作用下，极易蒸发和烧损，从而改变焊缝金属的化学成分和性能。

防止措施：合理选择焊丝。

1.4.8　焊接接头"不等强"性

铝及铝合金焊接后，接头的强度和塑性会比母材低的现象称为接头的不等强性。

能时效强化的铝合金，除了 Al-Zn-Mg 合金，无论是在退火状态下，还是在时效状态下焊接，焊后如不进行热处理，其焊缝强度均低于母材。

非时效强化的铝合金，如 Al-Mg 合金，在退火状态下焊接时，焊接接头同母材是等强的；在冷作硬化状态下焊接时，焊接接头强度低于母材。

铝及铝合金焊接时的不等强表现，说明焊接接头发生了某种程度的软化或存在某一性能上的薄弱环节。接头性能上的薄弱环节，可能发生在三个部位：焊缝区、熔合区及热影响区中的任何一个区域。

1）焊缝区。由于是铸造组织，与母材的强度差别可能不大，但即使在退火状态以及焊缝成分与母材基本相同的条件下，焊缝的性能一般仍不如母材。若焊缝成分不同于母材，焊缝性能将主要决定于所选用的焊接材料，当然，焊后热处理以及焊接工艺对其也有一定影响。另外，在多层焊时，后一层焊道可使前一层焊道重熔一部分，由于没有同素异构转变，不仅看不到像钢材多层焊时的层间晶粒细化的现象，性能得不到改善，还可能发生缺陷累积的现象，特别是在层间温度过高时，甚至可能促使层间出现热裂纹。一般说来，焊接热输入越大，焊缝性能下降的趋势也越大。

2）熔合区。非时效强化的铝合金，熔合区的主要问题是晶粒粗化导致塑性降低；时效强化的铝合金焊接时，不仅晶粒粗化，还可能因晶界液化而产生显微裂纹。因此，熔合区的主要问题是塑性恶化。

3）热影响区。非时效强化的铝合金和时效强化的铝合金焊后的主要问题是焊缝金属软化。

1.4.9　焊接接头耐蚀性下降

铝及铝合金焊后，焊接接头的耐蚀性一般都低于母材。影响焊接接头耐蚀性的原因主要有：

1）由于焊接接头组织的不均匀性，使焊接接头各部位的电极电位产生不均匀性，因此焊接前后的热处理情况，会对接头的耐蚀性产生影响。

2）杂质较多，晶粒粗大以及脆性相的析出等，都会使接头耐蚀性明显下降。因此，焊缝金属的纯度和致密性是影响接头耐蚀性的原因之一。

3）焊接应力的大小，也是影响耐蚀性的原因之一。

1.5　铝及铝合金应用特点

铝及铝合金的比刚度大大超过了钢铁材料（铝合金的比刚度约为 8.5，钢铁材料的比刚度为 1）。对于重量相同的结构件，如采用铝合金制造，可以保证得到最大的刚度。由于铝及铝合金具有上述特性，在交通运输行业得到了越来越广泛的应用。对于许多结构件，如机车的箱体等，结构失稳或破坏的原因不是强度不够而是刚度不够。为发挥铝及铝合金比刚度高的优势，就需把铝及铝合金初加工成不同横截面的空心型材，供后续加工使用。铝及铝合金的型材主要是用轧制或挤压的方法生产。从生产铝及铝合金型材的趋势看，挤压型材将占主导地位。根据铝及铝合金的不同材料特征，铝及铝合金挤压制品的用途如下。

（1）1×××系（工业纯铝）　具有优良的可加工性、耐蚀性、表面处理性和导电性，但强度较低。主要用于对强度不高的家庭用品、电气产品等。

例：1050 铝合金用于食品、化学和酿造工业用挤压盘管，以及各种软管、烟花粉等。

1060 铝合金用于耐蚀性与成形性均要求较高的场合，但对强度要求不高，其典型用途为化工设备制造。

1100 铝合金用于加工需要有良好的成形性和耐蚀性，但不要求有高强度的零部件，例如化工产品、食品工业装置与储存容器、薄板加工件、深拉伸或旋压凹形器皿、焊接零部件、热交换器、印刷板、铭牌及反光器具等。

1145 铝合金用于包装及绝热铝箔、热交换器等。

1350 铝合金用于电线、导电绞线、汇流排及变压器带材等。

（2）2×××系（Al-Cu）　具有较高的强度，但耐蚀性较差，用于腐蚀环境时需要进行防腐蚀处理。多用于飞机结构材料。

例：2011 铝合金用于螺钉及要求有良好切削性能的机械加工产品。

2014 铝合金应用于要求高强度与硬度（包括高温）的场合，如飞机零件、锻件、厚板和挤压材料，车轮与结构元件，多级火箭第一级燃料槽与航天器零件，以及货车构架与悬挂系统零件。

2024 铝合金用于飞机结构、铆钉、导弹构件、货车轮毂、螺旋桨元件及其他结构件。

2036 铝合金用于汽车车身钣金件。

2048 铝合金用于航空航天器结构件与兵器结构零件。

2218 铝合金用于飞机发动机和柴油发动机活塞、飞机发动机气缸头、喷气发动机叶轮和压缩机环。

2219 铝合金用于航天火箭焊接氧化剂槽，超声速飞机蒙皮与结构零件，工作温度为 $-270 \sim 300℃$。焊接性好，断裂韧度高，T8 状态有很高的抗应力腐蚀开裂能力。

2A12 铝合金用于航空器蒙皮、隔框、翼肋、翼梁及铆钉等，建筑与交通运输工具结构件。

2A60 铝合金用于航空器发动机压气机轮、导风轮、风扇及叶轮等。

2A70 铝合金用于飞机蒙皮，航空器发动机活塞、导风轮、轮盘等。

2A90 铝合金用于航空发动机活塞。

（3）3×××系（Al-Mn） 热处理不可强化。可加工性、耐蚀性与纯铝相当，而强度有较大提高，焊接性能优良，广泛用于日用品、建筑材料等方面。

例：3003 铝合金用于加工需要有良好的成形性能、高耐蚀性、焊接性好的零部件，如厨具、食物和化工产品处理与贮存装置，运输液体产品的槽、罐，以及薄板加工的各种压力容器与管道。

3003 铝合金用于加工更高强度的零部件，如化工产品生产与贮存装置、薄板加工件、建筑加工件、建筑工具，以及各种灯具零部件。

3105 铝合金用于房间隔断、挡板、活动房板、檐槽和落水管，薄板成形加工件，以及瓶盖、瓶塞等。

3A21 铝合金用于飞机油箱、油路导管、铆钉线材等；建筑材料与食品等工业装备等，具有中等强度与良好的耐蚀性。用作导体、炊具、仪表板、壳与建筑装饰件。

（4）4×××系（Al-Si） 具有熔点低、流动性好、耐蚀性强等优点，可用作焊接材料。

例：4A01、4043A 等，通常硅的质量分数在 $4.5\% \sim 6.0\%$，属于建筑用材料、机械零件锻造用材、焊接材料，熔点低，耐蚀性好，具有耐热、耐磨的特性。

（5）5×××系（Al-Mg） 热处理不可强化。耐蚀性强，焊接性能优良。通过控制 Mg 含量，可以获得不同强度级别的合金。Mg 含量少的铝合金主要用作装饰材料和制作高级器件；Mg 含量中等的铝合金主要用于船舶、车辆、建筑材料；Mg 含量高的铝合金主要用于船舶、车辆、化工的焊接结构件。

例：5086 铝合金用于需要有高的耐蚀性、良好的焊接性和中等强度的场合，如舰艇、汽车、飞机、低温设备、电视塔、钻井装置、运输设备、导弹零部件与甲板等。

5154 铝合金用于焊接结构、贮槽、压力容器、船舶结构与海上设施、运输槽罐。

5182 铝合金薄板用于加工易拉罐盖，汽车车身板、操纵盘、加强件及托架等零部件。

5252 铝合金用于制造有较高强度的装饰件，如汽车等的装饰性零部件。在阳极氧化后具有光亮透明的氧化膜。

5454 铝合金用于焊接结构、压力容器、海洋设施管道。

5456 铝合金用于装甲板、高强度焊接结构、贮槽、压力容器、船舶材料。

5657 铝合金用于经抛光与阳极氧化处理的汽车及其他装备的装饰件，但在任何情况下必须确保材料具有致密的晶粒组织。

5A02 铝合金用于飞机油箱与导管、焊丝、铆钉，以及船舶结构件。

5A06 铝合金用于焊接结构件、冷模锻零件、焊接容器受力零件，以及飞机蒙皮骨部件等。

（6）6×××系（Al-Mg-Si） 热处理可强化，耐腐蚀性良好，强度较高，且热加工性能优良，主要用于结构件、建筑材料等。

例：6005 铝合金挤压型材与管材用于要求强度较高的结构件，如梯子、电视天线等。

6009 铝合金用于汽车车身板。

6010 铝合金薄板用于汽车车身。

6061 铝合金用于要求有一定强度、焊接性好与耐蚀性高的各种工业结构，如制造货车、塔式建筑、船舶、电车、家具、机械零件、精密加工等用的管、棒、型材及板材等。

6063 铝合金用于建筑型材、灌溉管材，以及供车辆、台架、家具、栏栅等用的挤压材料。

6066 铝合金用于锻件及焊接结构挤压材料。

6070 铝合金用于重载焊接结构与汽车工业用的挤压材料与管材。

6351 铝合金用于车辆的挤压结构件，以及水、石油等的输送管道。

6463 铝合金用于建筑与各种器具型材，以及经阳极氧化处理后有明亮表面的汽车装饰件。

6A02 铝合金用于飞机发动机零件，以及形状复杂的锻件与模锻件。

（7）7×××系（Al-Zn-Mg-Cu） 具有较高的强度、焊接性和淬火性优良等特点，主要用于飞机、体育用品、铁道车辆焊接结构材料。

例：7005 铝合金挤压材料用于制造既要有高的强度又要有高的断裂韧度的焊接结构，如交通运输车辆的桁架、杆件、容器；大型热交换器，以及焊接后不能进行固溶处理的部件；还可用于制造体育器材，如网球拍与垒球棒。

7039 铝合金用于冷冻容器、低温器械与贮存箱，消防压力器材，以及军用器材、装甲板、导弹装置等。

7049 铝合金用于锻造静态强度与 7079-T6 合金相同又要求有高的抗应力腐蚀开裂能力的零件，如飞机与导弹零件——起落架液压缸和挤压件。零件的疲劳性能大致与 7075-T6 合金相等，而韧性稍高。

7050 铝合金用于飞机结构件的中厚板、挤压件、自由锻件与模锻件。制造这类零件对合金的要求是：抗剥落腐蚀、应力腐蚀开裂能力好，断裂韧度与疲劳性能高。

7072 铝合金用于空调器铝箔与特薄带材。

7075 铝合金用于制造飞机结构，其他要求强度高、耐蚀性能强的高应力结构件，以及模具制造等。

7175 铝合金用于锻造航空器用的高强度结构。T736 材料有良好的综合性能，即强度、抗剥落腐蚀与抗应力腐蚀开裂性能、断裂韧度、疲劳强度均高。

7178 铝合金用于制造航空航天器要求抗压屈服强度高的零部件。

7475 铝合金用于机身用包铝与未包铝的板材、机翼骨架、桁条等。其他既要有高的强度又要有高断裂韧度的零部件。

7A04 铝合金用于飞机蒙皮、螺钉，以及受力构件，如大梁桁条、隔框、翼肋及起落架等。

（8）8×××系（其他铝合金） 为挤压铝合金，其最大特点是密度低、刚度大、强度高。常用的为8011，铝合金大部分应用于铝箔，生产铝棒方面不太常用。

复习思考题

1. 铝合金材料根据化学成分和制造工艺的不同可分为哪几类？

2. 热处理强化铝合金主要分为哪几种？

3. ZAlSi7MgA 中各部分表示的意义？

4. 铝合金主要包括哪些性能？

5. 铝合金的焊接特点主要有哪些？

第2章

铝合金焊前准备

2.1 工件坡口准备与禁忌

2.1.1 工件坡口的形式

坡口是指根据设计或工艺需求，将工件的待焊部位加工成一定几何形状，经装配后形成的沟槽。铝合金工件开坡口是为了保证电弧能深入坡口根部，使根部焊透，以确保焊缝厚度满足设计要求。

2.1.2 坡口的几何尺寸

坡口主要名词术语有：坡口角度、坡口面角度、根部间隙、钝边、坡口深度、根部半径等，如图 2-1 所示。其中，坡口角度、钝边和根部间隙是坡口的三要素。

1）坡口角度（用符号 α 表示）：两坡口面之间的夹角。坡口角度的大小，不仅决定了焊接填充材料的消耗量和单面焊时角变形的大小，还可以根据坡口角度的大小调节焊缝金属的熔合比。

2）坡口面角度（用符号 β 表示）：工件表面的垂直面与坡口面之间的夹角。

3）钝边（用符号 c 表示）：工件开坡口时，沿工件厚度方向未开坡口的端面部分为钝边。钝边的作用是焊接打底层焊缝时，防止根部焊穿。

4）根部间隙（用符号 b 表示）：根部间隙是指焊前在接头根部之间预留的空隙。根部间隙的作用在于焊接打底层焊缝时，能保证根部焊透。

5）坡口深度（用符号 H 表示）：工件表面与钝边（或工件背面）之间的垂直深度。

6）根部半径（用符号 R 表示）：根部半径是指 J 形、U 形坡口底部的半径。根部半径的作用是增大坡口根部的空间，使焊条或喷嘴能够伸入根部，以确保根部焊透。

一般根据铝合金工件的厚度、接头类型及焊接方法来选择适当的坡口形式和坡口尺寸，GB/T 985.3—2008《铝及铝合金气体保护焊的推荐坡口》规定了单面对接焊坡口（见表 2-1）、双面对接焊坡口（见表 2-2）和 T 形接头坡口（见表 2-3）。

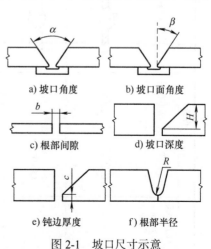

a) 坡口角度　　　　b) 坡口面角度

c) 根部间隙　　　　d) 坡口深度

e) 钝边厚度　　　　f) 根部半径

图 2-1　坡口尺寸示意

表 2-1 单面对接焊坡口

序号	工件厚度 t/mm	名称	基本符号	焊缝示意图	横截面示意图	坡口形式及尺寸				适用的焊接方法	备注
						坡口角度 α 或坡口面角度 β/(°)	根部间隙 b/mm	钝边 c/mm	其他尺寸 /mm		
1	t≤2	卷边焊缝	八			—	—	—	—	141	
2	t≤4	I 形焊缝	=			—	b≤2	—	—	141	
	2≤t≤4	带衬垫的 I 形焊缝				—	b≤1.5	—	—	131	建议根部倒角
3	3≤t≤5	V 形焊缝	V			α≤50	b≤3	—	—	141	
						60≤α≤90	b≤2	c≤2	—	131	
		带衬垫的 V 形焊缝				60≤α≤90	b≤4	c≤2	—	131	
4	8≤t≤20	带衬垫的陡边焊缝	丄			15≤β≤20	3≤b≤10	—	—	131	

（续）

序号	工作厚度 t/mm	焊缝 名称	焊缝 基本符号	焊缝示意图	横截面示意图	坡口角度 α 或坡口面角度 β/(°)	根部间隙 b/mm	钝边 c/mm	其他尺寸 /mm	适用的焊接方法	备注
5	3≤t≤15	带钝边 V 形焊缝	Y			α≥50	b≤2	c≤2	—	131 141	
	6≤t≤25	带钝边 V 形焊缝（带衬垫）	Y			α≥50	4≤b≤10	c≤3	—	131	
6	板 t≥12 管 t≥5	带钝边 U 形焊缝	Y			15≤β≤20	b≤2	2≤c≤4	4≤r≤6 3≤f≤4 0≤e≤4	141	
	5≤t≤30					15≤β≤20	1≤b≤3	2≤c≤4	—	131	
7	4≤t≤10	单边 V 形焊缝	V			β≥50	b≤3	c≤2	—	131 141	建议采用 TIG 焊 （141）

（续）

序号	工作厚度 t/mm	焊缝 名称	焊缝 基本符号	焊缝示意图	横截面示意图	坡口形式及尺寸 坡口角度α或坡口面角度β/(°)	根部间隙 b/mm	钝边 c/mm	其他尺寸 /mm	适用的焊接方法	备注
7	3≤t≤20	带衬垫单边V形焊缝				50≤β≤70	b≤6	c≤2	—	131 141	
8	2≤t≤20	锁底焊缝	—			20≤β≤40	b≤3	1≤c≤2	—	131 141	
9	6≤t≤40	锁底焊缝	—			10≤β≤20	0≤b≤3	2≤c≤3	$c_1≥1$	131 141	

注：1. 基本符号参见 GB/T 324—2008。
2. 焊接方法代号参见 GB/T 5185—2005。

表 2-2　双面对接焊坡口

序号	焊缝名称	焊缝基本符号	工作厚度 t/mm	焊缝示意图	横截面示意图	坡口角度 α 或坡口面角度 β/(°)	根部间隙 b/mm	钝边 c/mm	其他尺寸 /mm	适用的焊接方法	备注
1	I 形焊缝	‖	$6 \leq t \leq 20$			—	$b \leq 6$	—	—	131 141	
2	带钝边 V 形焊缝封底		$6 \leq t \leq 15$			$\alpha \geq 50$	$b \leq 3$	$2 \leq c \leq 4$	—	141 131	
3	双面 V 形焊缝	✕	$6 \leq t \leq 15$			$\alpha \geq 60$	$b \leq 3$	$c \leq 2$	—	141	
			$t \geq 15$			$\alpha \geq 70$	$b \leq 3$	$c \leq 2$	—	131	
4	带钝边双面 V 形焊缝封底		$6 \leq t \leq 15$			$60 \leq \alpha \leq 70$	$b \leq 3$	$2 \leq c \leq 4$	$h_1 = h_2$	141	
			$t \geq 15$			$\alpha \geq 50$	$b \leq 3$	$2 \leq c \leq 6$		131	
5	单边 V 形焊缝封底		$3 \leq t \leq 5$			$\beta \geq 50$	$b \leq 3$	$c \leq 2$	—	141 131	
6	带钝边双面 U 形焊缝		$t \geq 15$			$15 \leq \beta \leq 20$	$b \leq 3$	$2 \leq c \leq 4$	$h = 0.5\,(t-c)$	131	

注：1. 基本符号参见 GB/T 324—2008。
　　2. 焊接方法代号参见 GB/T 5185—2005。

表 2-3　T 形接头坡口

坡口形式及尺寸

序号	焊缝				坡口形式及尺寸						备注
	工件厚度 t/mm	名称	基本符号	焊缝示意图	横截面示意图	坡口角度 α 或坡口面角度 β /(°)	根部间隙 b/mm	钝边 c/mm	其他尺寸 /mm	适用的焊接方法	
1	—	单面角焊缝	△	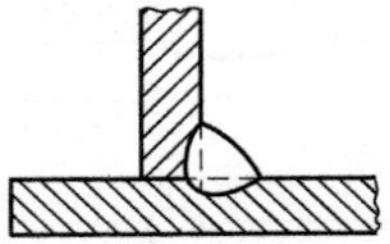	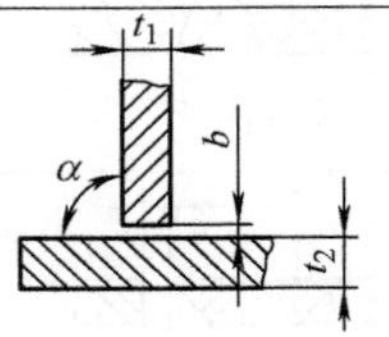	$\alpha=90$	$b \leqslant 2$	—	—	141 131	
2	—	双面角焊缝	 △	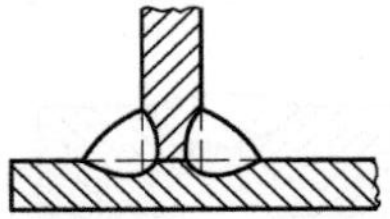	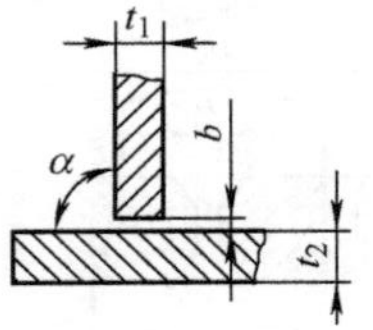	$\alpha=90$	$b \leqslant 2$	—	—	141 131	
3	$t_1 \geqslant 6$	单 V 形焊缝		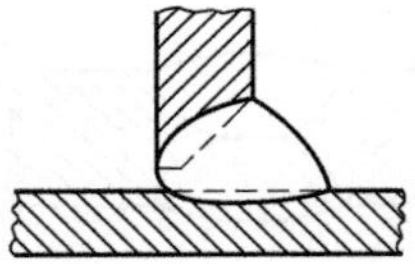	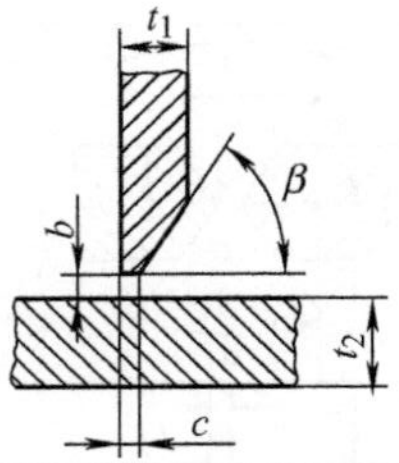	$\beta \geqslant 50$	$b \leqslant 2$	$c \leqslant 2$	$t_2 \geqslant 5$	141 131	
4	$t_1 \geqslant 8$	双 V 形焊缝		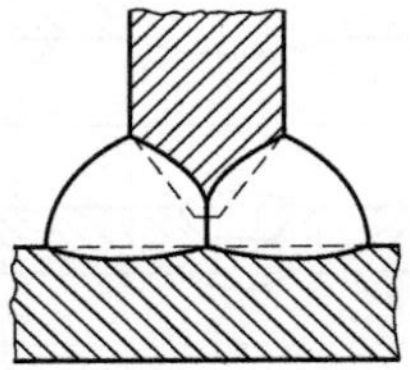	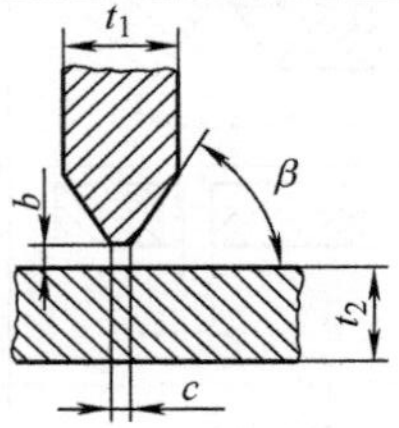	$\beta \geqslant 50$	$b \leqslant 2$	$c \leqslant 2$	$t_2 \geqslant 8$	141 131	

注: 1. 基本符号参见 GB/T 324—2008。
　　2. 焊接方法代号参见 GB/T 5185—2005。

2.1.3　工件坡口的选择原则

选择坡口形式时，应尽量减少焊缝金属的填充量，便于装配，保证焊接接头的质量，因此应考虑下列几条原则。

1）保证焊接质量。满足焊接质量要求是选择坡口形式和尺寸首先要考虑的原则。

2）便于焊接施工。对于有些不便或不能两面施焊的情况，宜选择单面施焊的坡口形式。

3）坡口容易加工。由于 V 形坡口加工简单且费用低，因此尽可能选择 V 形坡口或双 V 形坡口。

4）坡口截面尽可能小。这样可以减少焊接材料的消耗，提高生产效率，降低生产成本。

5）有利于控制焊接变形。双面 V 形坡口的焊接角变形比单面 V 形坡口小。

2.1.4　不同焊接位置的坡口选择

对于铝合金 MIG 焊而言，不同的焊接位置，则工件坡口的形状和角度也不同。坡口形状、坡口角度、根部间隙的选择应有利于焊接电弧的可达、熔池中气泡的逸出和焊缝金属与母材的良好熔合。例如，同样是板对接坡口（见图 2-2a），当坡口面角度为 15° 时，平焊位置焊缝产生未熔合缺欠的概率较高；向上立焊位置焊缝产生未熔合缺欠的概率会大大降低。例如，同样是单边 V 形坡口形式，且都是在横焊位置施焊时，当斜坡口面工件在上侧时（见图 2-2b），集聚在熔池上部的气泡可顺着斜坡口面逸出，焊缝产生气孔的概率降低；当平直坡口面工件在上侧时（见图 2-2c），气泡从熔池中逸出时，就会受到平直坡口面的阻挡，导致焊缝产生气孔的概率增加。

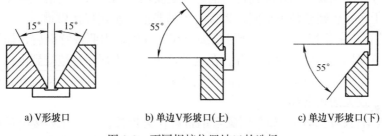

a) V形坡口　　　　　　b) 单边V形坡口(上)　　　　　c) 单边V形坡口(下)

图 2-2　不同焊接位置坡口的选择

2.1.5　坡口的加工方法

铝及铝合金焊接工件所使用的材料主要包括板材和型材两种，材料类型不同，加工坡口的方法也不相同。

（1）板材的坡口加工　采用机械方法或切割方法，如剪切、水切割、刨削、铣削及等离子切割等。

1）剪切。焊前通过剪板机的剪切加工而成，适用于薄板的 I 形坡口。

2）水切割。焊前通过水切割机的切割加工而成，适用于不同板厚的 I 形坡口。

3）刨削。用刨床或刨边机加工坡口。

4）铣削。用铣床加工坡口，其坡口面光滑、细密，不易氧化，是加工铝合金板材坡口应用最多的方法，适用于不同厚度材料的加工。

5）等离子切割。由于等离子切割的铝板断面非常粗糙且氧化膜较厚，因此在加工坡口后要先用铝合金切割专用圆盘锯片对有氧化膜的断面进行切割，然后再加工成坡口，最后用千叶片砂轮对坡口面进行打磨。

（2）铝型材的坡口加工　采用挤压、铣削、车削等方法。

1）挤压。铝型材是通过挤压机将加热好的圆柱铝合金棒从模具中挤出成形并通过氧化而制成的。因为铝型材截面在设计时已包含坡口截面形状，所以制作出的型材在长度方向就有坡口。

2）铣削。型材截面上的坡口往往通过数控铣床加工而成。

3）车削。对于圆管型材和圆形棒材的坡口主要通过车床加工而成。

2.2　焊接衬垫准备与禁忌

焊接衬垫是为保证接头根部焊透和焊缝背面成形，沿接头背面预置的一种衬托装置。其目的是保证铝及铝合金焊接时既焊透又不至于塌陷，并加强背面的气体保护，防止工件背面空气从坡口间隙中进入氩气保护区，影响气体保护效果，因此常采用垫板（垫环）来托住熔化金属和附近金属。在加装铝合金或不锈钢材料的焊接衬垫前（含型材自带的衬垫部分），应对衬垫进行化学清洗并去除氧化膜。

禁忌：

1）忌不清理。铝合金衬垫应进行清洗并去除氧化膜，否则将导致焊缝容易产生气孔、夹杂、未熔合等焊接缺欠。粘贴陶瓷衬垫前，一定要用异丙醇或其他清洗液把粘贴区域的油脂、灰尘清理干净，否则粘贴不牢固，焊接时容易脱落而影响焊接质量。

2）忌未熔合。定位焊时，铝合金衬垫加装在工件坡口内侧或背面后，如果焊接电流选择偏小，则定位焊焊缝容易出现未熔合。在这种情况下，当焊接衬垫受到电弧或火焰的热量影响产生变形，使得焊接衬垫与工件之间形成缝隙，导致根部焊缝产生气孔，严重时电弧击穿焊接衬垫，导致无法正常焊接。

3）忌碳素钢材料的腐蚀。如采用碳素钢材料作为焊接衬垫，在焊接电弧作用下，碳素钢中的铁元素以 $AlFeSi$、$FeAl_3$ 等化合物存在，并散布在铝合金焊缝中的各个部位，先产生点腐蚀，然后逐步沿着晶格扩展，由点腐蚀扩展成剥层腐蚀，削弱了铝合金的耐腐蚀能力。严重时，铁素体会割裂铝合金焊缝，造成应力集中，降低铝合金的力学性能，对其塑性造成不利影响。

2.2.1　常用衬垫种类

铝及铝合金焊接衬垫按用途可分为永久性衬垫和非永久性衬垫两种。

（1）永久性衬垫　永久性衬垫的材料应与母材金属材料相同或属同一组别（参见 ISO 15608—2017《铝和铝合金的分类》）。按加装方式可细分为：型材自带衬垫、型材衬垫和型腔衬垫三种。

1）型材自带衬垫。铝型材有全焊透要求的焊缝，为了提高铝合金焊接质量和生产效率，铝型材截面在设计坡口截面形状时就包含焊接衬垫部分，因此制作出的型材在长度方向就有了自带焊接衬垫。

2）型材衬垫。铝合金焊接衬垫随工件一起装配定位焊，焊后不再拆除。

3）型腔衬垫。根据铝型材内壁轮廓，设计、加工制作专属的焊接衬垫，装配定位焊在型材端面坡口内壁。

（2）非永久性衬垫　非永久性衬垫主要有陶瓷衬垫和不锈钢衬垫两种。

1）陶瓷衬垫。陶瓷衬垫主要用于单面焊双面成形的接头形式，由陶瓷衬垫块、铝箔胶带、防粘纸、透气孔和红色中心线 5 个部分组成，如图 2-3 所示。

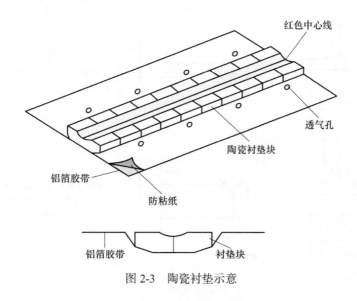

图 2-3　陶瓷衬垫示意

2）不锈钢衬垫。不锈钢衬垫可反复使用。制作不锈钢衬垫时，应根据焊缝坡口的实际情况来进行加工，其沟槽深度控制在 1.2 ～ 1.5mm。如果不锈钢衬垫无沟槽，焊后在背面焊缝的表面容易产生微裂纹。

2.2.2　衬垫形状和尺寸

在铝合金焊接时，选用的焊接衬垫可采用铝合金材料、不锈钢材料、陶瓷材料等制作。衬垫应与坡口背面贴合紧密，当贴合缝隙＞ 1mm 时，背面焊缝易产生气孔缺欠。各种材质的焊接衬垫尺寸、适用坡口形式和应用见表 2-4（不含型材自带衬垫）。

表 2-4　焊接衬垫尺寸、适用坡口形式和应用

材质	适用坡口形式	衬垫尺寸 /mm	应用
铝合金（型材）			适用于板对接单面焊时对打底层焊缝金属的保护，其焊接电流应≤ 160A，否则存在铝合金衬垫焊穿的风险

（续）

材质	适用坡口形式	衬垫尺寸/mm	应用
铝合金（型材）			适用于板对接单面焊时对打底层焊缝金属的保护，其焊接电流应≤220A，否则存在铝合金衬垫焊穿的风险
铝合金（型材）			适用于坡口T形接头的单面焊时对打底层焊缝金属的保护，其焊接电流应≤160A，否则存在铝合金衬垫焊穿的风险
铝合金（型材）			适用于坡口T形接头的单面焊时对打底层焊缝金属的保护，其焊接电流应≤220A，否则存在铝合金衬垫焊穿的风险
铝合金型腔衬垫			适用于单边V形坡口接头的单面焊接
陶瓷			适用于对接接头的单面焊接。适用于铝合金焊接的凹槽宽度规格有：6mm、8mm、10mm和12mm等
陶瓷			适用于坡口T形接头的单面焊时对打底层焊缝金属的保护
陶瓷			适用于X形坡口对接接头的单面焊接。圆柱陶瓷衬垫直径规格有：ϕ6mm、ϕ7mm、ϕ8mm、ϕ10mm、ϕ12mm、ϕ14mm等

（续）

材质	适用坡口形式	衬垫尺寸 /mm	应用
不锈钢	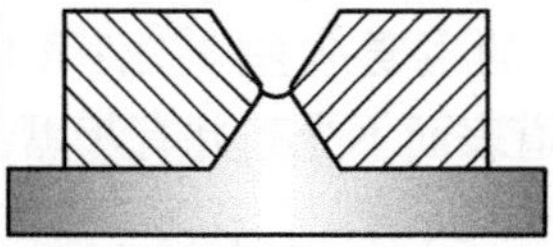	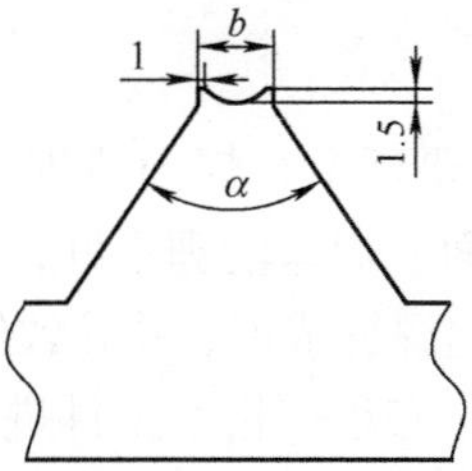	适用于 X 形坡口对接接头的单面焊接。不锈钢焊接衬垫形状可根据坡口形状、尺寸自行设计、加工制作

2.2.3　型材坡口形式

铝合金型材坡口形式有很多种，常见的型材坡口形式见表 2-5。

表 2-5　常见的铝合金型材坡口形式

序号	型材组装示例	型材坡口示意图	坡口形式	接头形式	说明
1	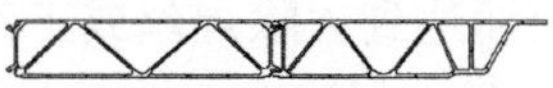	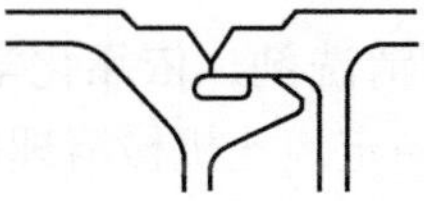	V 形	对接接头	用于薄壁型材自动焊
2	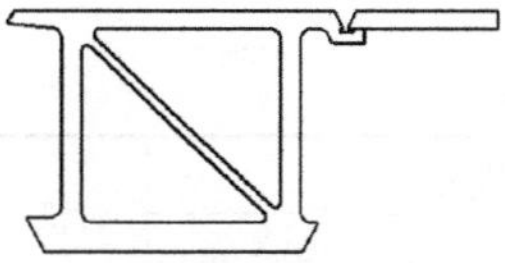	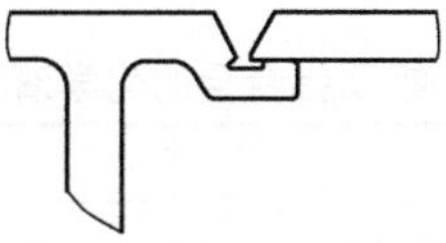	V 形	对接接头	—
3		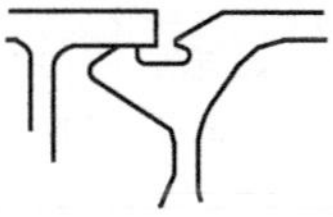	单边 V 形	对接接头	—
4	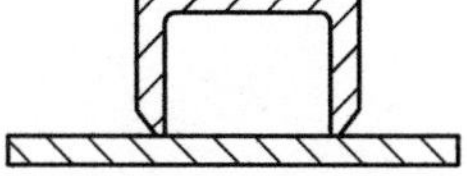	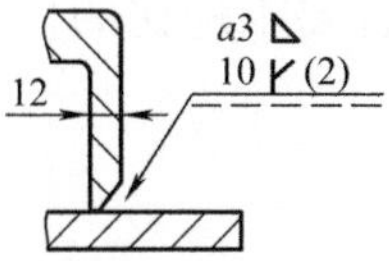	单边 Y 形	T 形接头	—
5	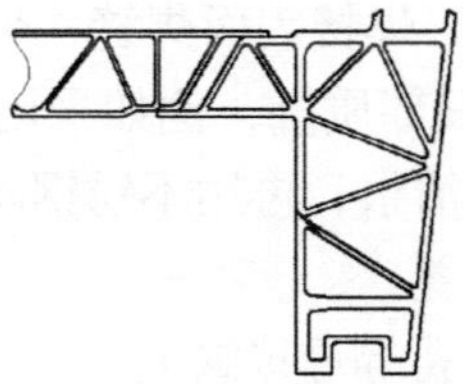	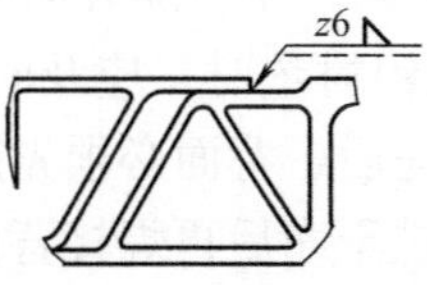	I 形	搭接接头	—
6		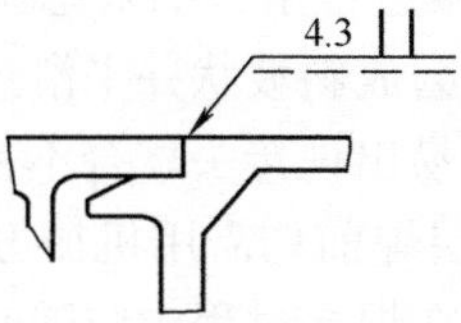	I 形	对接接头	适用于搅拌摩擦焊

2.3 铝合金焊前清理准备与禁忌

2.3.1 焊前清理

焊前清理是焊接工艺中的一个重要环节，焊前清理的目的主要是去除工件和焊丝表面的氧化膜和油污。如果坡口、母材表面、焊丝清理不好，焊道表面不光亮并有灰黑色薄膜，在焊接过程中将影响电弧稳定性，影响焊缝成形，并导致气孔、夹杂、未熔合等缺欠的产生，直接影响焊缝质量。为保证焊接质量，必须严格对工件进行焊前清理。焊前清理的方法一般有机械清理和化学清理两种，有时两种方法兼用。

（1）机械清理　机械清理是先用有机溶剂（异丙醇）擦洗工件表面以去除油污、杂质，然后用不锈钢丝轮（刷）将坡口及其两侧的氧化膜清除，直至露出金属光泽呈亮白色。但机械清理效率低，去除氧化膜不彻底，一般只用于尺寸大、生产周期较长的工件，以及多层焊或化学清洗后又局部玷污的工件和小工件的辅助清理。

机械清理时，忌采用砂轮、砂纸等打磨。因为砂粒会嵌留在工件表面，焊接时产生夹杂等缺欠。

（2）化学清理　化学清理是采用清洗剂，依靠化学反应而达到去除焊丝或工件表面氧化膜的目的。化学清理效率高、质量稳定，比机械清理的效果好。但清洗大件不方便，因此多用于焊丝和成批生产的小件的清洗。化学清理方法见表2-6。

表 2-6　铝及铝合金的化学清理方法

工序	除油	碱洗			冲洗	中和光化			冲洗	干燥
		溶液	温度 /℃	时间 /min		溶液	温度 /℃	时间 /min		
纯铝	有机溶剂擦拭	NaOH 6%～10%	40～50	≤20	流动清水	HNO₃ 30%～35%	室温或 40～60	1～3	流动清水	风干或低温干燥
铝镁合金				≤7						
铝锰合金										

在采用化学清理时，忌使用不符合要求配比的化学溶剂进行清洗，否则工件无法达到清洗要求。

2.3.2 焊接过程中清理

1）焊接完第一道焊缝后，用不锈钢丝刷去除表面氧化膜。焊接表面焊缝，焊后用不锈钢丝刷去除表面氧化膜。如果在去除铝衬垫时，应及时检验根部质量，例如采用 X 射线检测等。如果采用双面焊接，则正面焊完后，背面必须先用铣刀清根，再用不锈钢丝刷去除表面氧化膜，然后用异丙醇、无尘布擦拭干净后再焊接背面的焊缝。

忌不清理焊缝表面层氧化膜，否则易出现焊接未熔合、气孔等焊接缺欠。

2）焊接过程中接头的打磨，焊接过程中，如果熄弧后再引弧，则需要对接头处进行打磨处理后方能重新引弧。接头处须打磨成斜坡状并平滑过渡。

忌不对焊缝接头进行修磨，否则易出现接头熔合不良、夹渣等焊接缺欠。

3）多层焊时，除第一层外，每层焊前均需用机械方法清除前一层焊缝上的氧化膜。由于加热会促使氧化膜重新生成，因此在焊接过程中应随时注意熔池的情况，如发现有氧化膜生成时应用机械方法及时清理。

4）长焊缝可以分段清理，以缩短清理与焊接的间隔时间，间隔时间越短越好。

5）施焊前，为除去工件表面吸附的水分，可将焊缝两侧烘烤至 50 ~ 60℃，随即机械清理焊缝两侧各 20 ~ 30mm 的氧化膜，使之呈现出亮白色为宜。

6）在焊接过程中，每焊完一个零件准备装配下一个零件之前，应根据已焊接件反面的保护情况，对焊接夹具进行检查和清理，避免夹具带来的污染。

2.3.3　焊后清理

（1）清理焊缝黑灰　铝合金焊接完成后通常在焊缝表面会存在一层黑灰（主要成分为高温挥发出来的氧化金属），通常可以采用角磨机配合不锈钢钢丝刷对焊缝表面进行打磨，直至将黑灰打磨掉，露出金属光泽为止。

（2）清理焊缝表面残留焊剂和焊渣　焊缝及附近残存的焊剂和焊渣等会破坏铝件表面的钝化膜，有时还会腐蚀铝件，因此应该及时处理，以避免氧化的金属吸收空气中的水分而腐蚀焊缝表面，影响焊缝质量。对于形状简单、要求一般的工件，可以用热水冲刷或蒸汽吹刷等方法清理。

（3）对焊缝起收弧点弧坑及焊缝接头进行精整　工件完成装配及定位焊后应对焊缝的起弧点、收弧点的弧坑和焊缝接头处进行打磨，使其平滑过渡，防止应力集中，从而保证工件的焊接质量。图样要求焊后须打磨平整的焊缝，焊接完成后只需将接头处打磨至与焊缝平滑过渡，且不低于母材即可。尖端处需要用角磨机将焊缝修整至圆滑过渡，防止应力集中而影响焊缝的力学性能。

2.4　焊前装配、定位焊与禁忌

2.4.1　工件装配质量检查

1）检查焊接零配件的尺寸和材质是否符合要求。

2）检查组装结构件的板材厚度和材质是否符合技术要求。

3）检查工件表面是否有油污、氧化膜等。

4）检查焊缝坡口形式是否符合设计要求。

5）检查坡口尺寸是否正确。

6）检查装配间隙和坡口钝边是否合格。

7）检查接头装配是否对准。

2.4.2　定位焊

焊前为装配和固定工件的相对位置进行的焊接操作叫定位焊。

（1）定位焊缝　定位焊焊接的短焊缝叫定位焊缝，通常定位焊缝均比较短，焊接过程中不去掉、而成为正式焊缝的一部分保留在焊缝中，因此定位焊缝的质量、位置、长度和高度等因素，将直接影响正式焊缝的质量及工件的变形。生产中发生的一些质量事故，如结构变形大，出现未焊透、裂纹等缺欠，往往是定位焊不合格造成的，因此对定位焊必须引起足够的重视。

（2）定位焊禁忌

1）忌不按照焊接工艺要求进行定位焊。如应采用与焊接工艺规定的同牌号、同规格的焊接材料；若焊接工艺规定焊前需预热、焊后需缓冷，则定位焊前也要预热，焊后也要缓冷。

2）忌定位焊缝焊道太高。为保证熔合良好，起弧和收弧处应打磨圆滑，不能太陡，防止焊缝接头时两端无法焊透。

3）忌定位焊缝的长度、高度、间距不按要求执行，板材定位焊的参考尺寸见表2-7。

表2-7 板材定位焊缝的参考尺寸　　　　　　　　　　　　　　　　（mm）

工件厚度	焊缝高度	焊缝长度	焊缝间距
< 4	< 3	5 ~ 10	50 ~ 100
4 ~ 12	3 ~ 6	10 ~ 20	100 ~ 200
> 12	6	15 ~ 30	100 ~ 300

4）忌在焊缝交叉处或焊缝方向发生急剧变化的位置进行定位焊。通常定位焊缝应距离焊缝交叉处或焊缝方向发生急剧变化的位置50mm以上。

5）忌强制装配。为防止焊接过程中定位焊缝裂开，必要时可增加定位焊缝的长度，并减小定位焊缝的间距。

6）忌定位焊后中途停顿或存放时间过长，必须尽快正式焊接。定位焊采用的焊接电流可比正式焊接时的焊接电流大10% ~ 15%。

2.4.3　板材工件的装配及定位焊

（1）板材工件的装配　板材工件的组装是为了保证板材工件外形尺寸、焊缝坡口间隙及焊缝质量，通常用钨极氩弧焊或熔化极惰性气体保护焊进行定位焊缝的焊接。板材工件装配如图2-4所示。

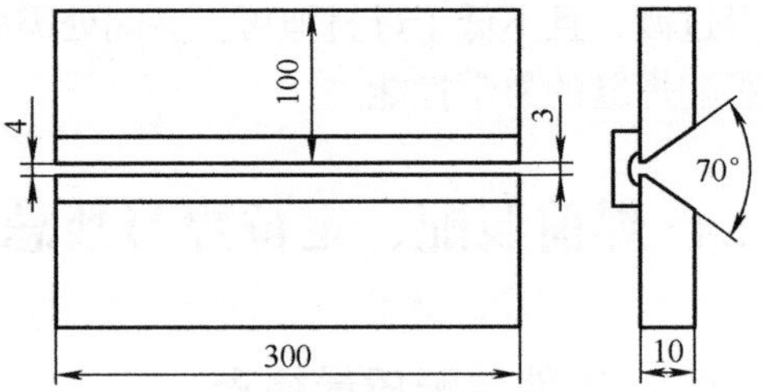

（2）定位焊　定位焊是正式焊缝的组成部分，它的质量会直接影响正式焊缝的质量。定位焊缝不得有裂纹、夹渣、焊瘤等焊接缺欠。

图2-4　板材工件装配

（3）板材工件装配定位焊禁忌

1）忌定位焊在坡口外引弧和熄弧。引弧和熄弧均应在坡口内，如图2-5所示。

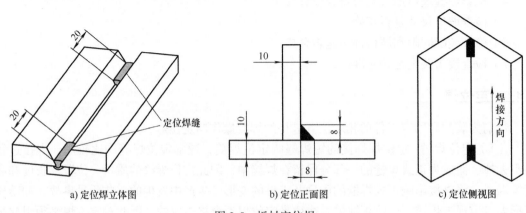

a）定位焊立体图　　　　b）定位正面图　　　　c）定位侧视图

图2-5　板材定位焊

2）对于双面焊且背面需要清根的焊缝，忌在坡口内侧定位焊。

3）对于形状对称的焊接结构，定位焊缝忌不对称分布，应采用对称方式进行分布。

4）忌角接接头定位焊缝的焊脚尺寸大于设计焊脚尺寸的 1/2。

5）忌定位焊焊接电流小于正式焊接电流，因为工件温度比正式焊接时要低，热量不足易产生未焊透，故焊接电流应比正式焊接电流大 10% ～ 15%，同时收弧时应及时填满弧坑，防止弧坑产生焊接裂纹。

6）定位焊的尺寸一般由工件大小、板厚来决定，板材定位焊缝的参考尺寸见表 2-7。

2.4.4　管材工件的装配及定位焊

（1）装配　铝合金管材工件装配时，为了保证焊接质量需要加装焊接衬垫及预留合适的焊缝坡口间隙，如图 2-6 所示。通常采用钨极氩弧焊或熔化极惰性气体保护焊进行定位焊缝的焊接。

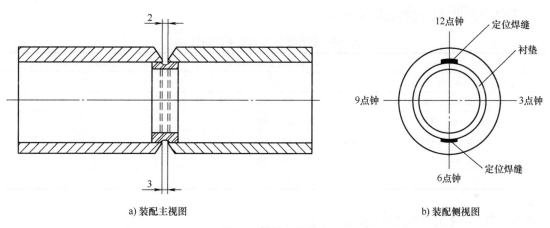

a) 装配主视图　　　　　　　　　　　　b) 装配侧视图

图 2-6　管材工件装配

（2）定位焊禁忌　管材工件装配定位焊有以下几个方面的禁忌。

1）忌管子轴线不对正。防止焊接后出现管子轴心发生偏斜。

2）忌管子坡口和衬垫不清理。应将坡口两侧（内外壁）20 ～ 30mm 内和衬垫表面的氧化膜、水、油污或其他影响焊接质量的杂质清理干净。

3）忌不预留装配间隙。为了保证管子全焊透和成形良好，定位焊前必须预留装配间隙，装配间隙可参考焊丝直径进行选择。

4）忌选用与正式焊接不同的焊丝定位焊。定位焊使用的焊丝牌号应与正式焊缝的焊丝牌号相同，并保证坡口根部熔合良好。

5）忌不检查定位焊质量。定位焊后应对管子定位焊缝质量进行检查，如发现裂纹、未焊透、气孔、夹杂等焊接缺欠必须清理干净，并重新进行定位焊。

6）忌不修磨定位焊缝端部。定位焊的焊渣、飞溅必须清理到位，并将定位焊缝两端修磨成斜坡状。

7）忌焊缝不对称布置，小口径管（DN ＜ 50mm）的定位焊，焊缝数量为 1 ～ 2 处，焊缝长度为 10mm，如图 2-7 所示。大口径管（DN ＞ 200mm）的定位焊缝不少于 4 处，焊缝长度为 15 ～ 30mm。

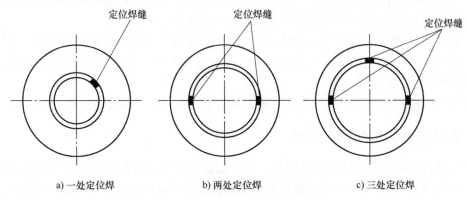

图 2-7　管件定位焊缝的数量和位置

管件定位焊缝长度和数量见表 2-8。

表 2-8　管件定位焊缝长度和数量

管件外径 /mm	定位焊缝长度 /mm	焊缝数量（处）
$DN \leqslant 50$	10	1 ～ 2
$50 < DN \leqslant 200$	15 ～ 30	3
$200 < DN \leqslant 300$	40 ～ 50	4
$300 < DN \leqslant 500$	50 ～ 60	5
$500 < DN \leqslant 700$	60 ～ 70	6
$DN > 700$	80 ～ 90	7

2.4.5　管－板工件的装配及定位焊

（1）管－板工件的装配　管－板工件的装配是为了保证管－板工件的外形尺寸、焊缝坡口间隙及相对位置，如图 2-8 所示。通常采用钨极氩弧焊或熔化极惰性气体保护焊进行定位焊缝的焊接。

（2）管－板工件的定位焊　如图 2-9 所示，定位焊是正式焊缝的组成部分，它的质量会直接影响正式焊缝的质量，定位焊缝不得有裂纹、夹渣、焊瘤等焊接缺欠。

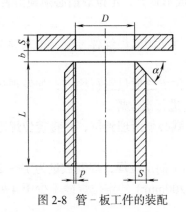

图 2-8　管－板工件的装配

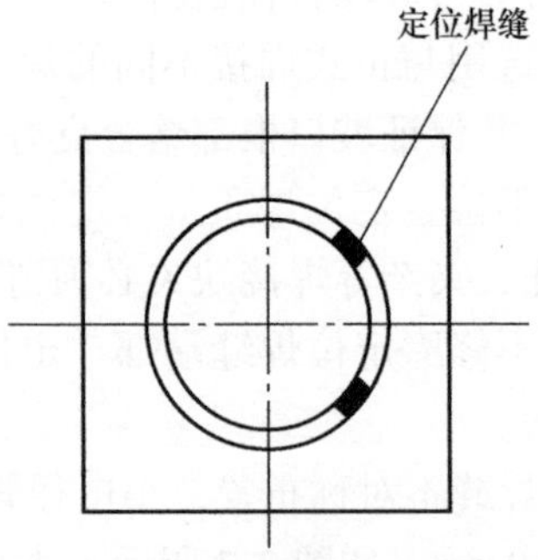

图 2-9　管－板工件的定位焊

（3）管－板工件装配及定位焊禁忌　主要有以下几个方面的禁忌。

1）忌定位焊缝两端不修磨。管－板定位焊缝两端应尽可能修磨成斜坡状，以便于焊缝的接头。

2）忌管件坡口（内外壁）不清理。应将坡口两侧（内外壁）20～30mm 内表面的水、氧化皮、油污或其他影响焊接质量的杂质清理干净。

3）忌不预留装配间隙。为了保证管－板根部焊透和成形良好，定位焊前必须预留装配间隙。

4）忌选用与正式焊接不同牌号的焊丝进行定位焊。定位焊使用的焊丝牌号应与正式焊缝的焊丝牌号相同，并保证坡口根部熔合良好。

5）忌不检查定位焊质量。定位焊后应对管－板定位焊缝质量进行检查，如发现裂纹、未焊透、气孔、夹杂等焊接缺欠，必须清理干净并重新进行定位焊。

6）忌不修磨定位焊缝端部。定位焊的焊渣、飞溅必须清理到位，并将定位焊缝两端修磨成斜坡状。

7）忌定位焊缝不均匀分布。定位焊缝应沿管件的周围均匀分布，同时定位焊缝数量根据管径的大小进行确定。

2.5　焊前预热与禁忌

对于厚度 ≥ 8mm 的铝材，焊前应预热至 80～120℃，层间温度应控制在 60～100℃。预热时要使用接触式测温仪对工件预热温度进行测量，严禁不使用测量仪器，忌凭个人经验及感觉判断温度。对于厚度不等的工件，薄的一侧一般不需要加热。预热的温度应均匀，最好从焊缝两侧的背面各 150mm 左右预热，焊接较方便，以免产生过厚的氧化膜。预热时可采用氧乙炔火焰，用中性焰或较柔和的碳化焰加热。焊前预热具有以下优点：

1）可加快焊接速度。

2）焊接电流可适当减小，便于操作。

3）对消除气孔有重要作用。

4）减少熔池在高温下的停留时间，减少合金元素的烧损，提高焊缝质量。

5）减小焊接变形。

对工件预热后，测量温度的位置通常在面朝焊接操作者的工件表面选取，其位置距离坡口边缘的尺寸 $A=4t$（t 为母材厚度），但不能超过 50mm，不同接头形式的测温位置如图 2-10 所示。条件允许时，应在加热面的背面测量温度。否则，应在加热面上移开热源一段时间，使母材厚度上的温度均匀后再测量温度。使用固定的永久性加热器或无法在背面测量温度时，应从靠近焊缝坡口处暴露的母材表面上测取温度。

禁忌：

1）忌厚板不预热。厚板不预热焊接，需要高强热源，焊缝合金元素易烧损，焊接速度慢，易变形；同时焊缝内部易出现密集性气孔和未熔合等焊接缺欠。

2）忌只对坡口加热。如氧乙炔火焰只加热坡口，其温度上升较快且易于达到规定的温度值，若一旦撤离氧乙炔火焰，因铝合金散热较快，坡口温度会迅速降低，从而影响焊接质量。

3）忌使用红外线测温仪。由于铝合金受热时表面颜色变化较小，如使用红外线测温仪测温, 其温度的检测值会大大低于工件的实际温度。

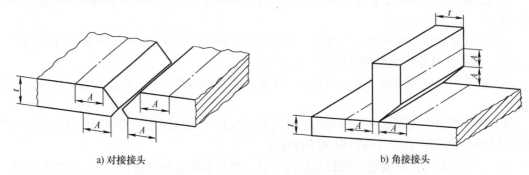

a) 对接接头　　　　　　　　　　　　　　b) 角接接头

图 2-10　不同接头形式的测温位置

2.6　工装夹具与禁忌

　　由于铝合金的热导率要比碳素钢大数倍, 且具有线膨胀系数大、熔点低、电导率高等物理性能, 焊接母材本身存在刚性不足, 在焊接过程中容易产生较大的焊接变形, 因此如果不采用专用焊接工装夹紧进行焊接, 在焊接过程中很容易产生弯曲变形, 从而影响正常焊接。为了保证焊接正常进行, 工件应使用工装装夹后再进行焊接, 焊接工装装夹如图 2-11 所示, 焊接工装夹具结构如图 2-12 所示。

　　忌不采用工装夹具　铝合金工件焊接时, 不仅易产生焊接变形, 而且变形不易调整, 焊接后产品尺寸超差较大, 无法满足工艺要求。

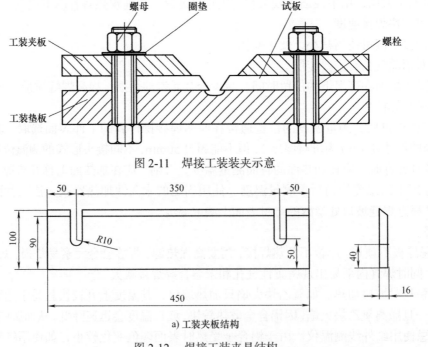

图 2-11　焊接工装装夹示意

a) 工装夹板结构

图 2-12　焊接工装夹具结构

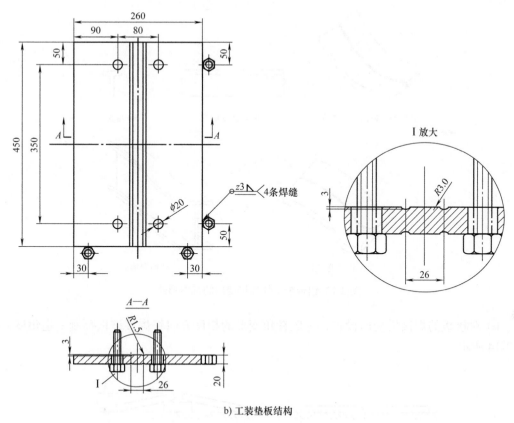

b) 工装垫板结构

图 2-12　焊接工装夹具结构（续）

2.7　焊接变形控制与禁忌

2.7.1　焊前预变形

铝及铝合金的线膨胀系数约为碳素钢和低合金钢的两倍，在焊接过程中，因为铝合金凝固时的体积收缩率较大，工件的变形和应力较大，所以铝合金焊接变形的控制要比碳素钢结构难度大。因此，采取焊接变形的预防措施很重要。

铝合金工件的焊接变形的基本形式有纵向与横向收缩变形、弯曲变形、角变形、波浪变形和扭曲变形等几种，如图 2-13 所示。上述几种类型的变形，在焊接结构生产中往往并不是单独出现的，而是同时出现并相互影响的。

铝合金焊接变形的影响因素与铝合金的焊缝尺寸、焊接热输入、焊缝位置、坡口形式有关。焊缝尺寸增加，变形也随之加大。但过小的焊缝尺寸，将降低结构的承载能力，并使接头的冷却速度加快，容易产生裂纹、未熔合等缺欠和热影响区硬度增高的现象。因此，应在满足结构的承载能力和保证焊接质量的前提下，根据板的厚度来选取焊接工艺可能的最小焊缝尺寸。焊接热输入越大，焊后残余变形也越大。

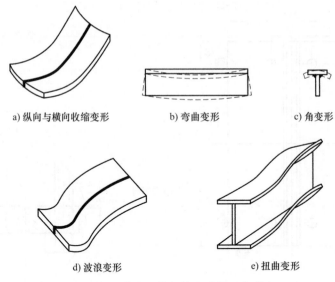

a) 纵向与横向收缩变形　　　　b) 弯曲变形　　　　c) 角变形

d) 波浪变形　　　　　　　e) 扭曲变形

图 2-13 铝合金工件焊接变形的基本形式

1）对接板的焊接反变形设置，一般在角变形的相反方向将焊接试板预制一定角度，如图 2-14 所示。

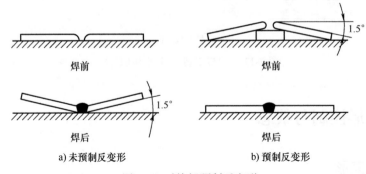

a) 未预制反变形　　　　　　b) 预制反变形

图 2-14 对接板预制反变形

2）由于铝合金壳体的焊接变形较难控制，在壳体上焊接容易造成塌陷，因此在焊接前可以将壳体焊缝周边的壳壁向外顶出，然后进行焊接，焊后表面平整，如图 2-15 所示。

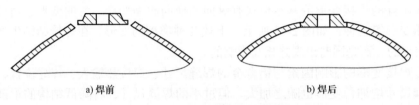

a) 焊前　　　　　　　　　　b) 焊后

图 2-15　铝合金壳体预制反变形

忌焊前不预制反变形。焊接后焊缝周围位置将出现凹陷，且变形无法调校，不能满足工艺要求。

2.7.2　焊前预留焊缝收缩量

焊接收缩变形是一个比较复杂的问题，对接焊缝的收缩变形与对接焊缝的坡口形式、坡口间隙、板材的厚度和焊缝的横截面大小等有关。常见接头的焊缝收缩量见表 2-9。

表 2-9　常见接头的焊缝收缩量　　　　　　　　　　　　　　　　（mm）

接头形式	板厚						
	3～4	4～8	8～12	12～16	16～20	20～24	24～30
	焊缝横向收缩量						
V 形坡口对接接头	0.7～1.3	1.3～1.4	1.4～1.8	1.8～2.1	2.1～2.6	2.6～3.1	—
X 形坡口对接接头	—	—	—	1.6～1.9	1.9～2.4	2.4～2.8	2.8～3.2
单面坡口十字接头	1.5～1.6	1.6～1.8	1.8～2.1	2.1～2.5	2.5～3.0	3.0～3.5	3.5～4.0
单面坡口角焊缝	—	0.8		0.7	0.6	0.4	
不开坡口单面角焊缝		0.9		0.8	0.7	0.4	
双面断续角焊缝	0.4	0.3		0.2	—	—	—
	焊缝纵向收缩量						
对接焊缝	0.15～0.3						
连续角焊缝	0.2～0.4						
断续焊缝	0～0.1						

2.7.3　焊后矫形

铝合金焊接残余应力的存在会使工件处于不稳定状态，是工件开裂或变形的主要原因，也是影响构件强度和寿命的主要因素。因此，需对铝合金的焊接残余应力进行有效的消除。消除焊接残余应力的方法有锤击法、振动法、机械拉伸法、超声波冲击法等，有时多种方法结合使用。焊接残余应力的处理方法有以下几种：

1）通过减少加热阶段产生的纵向塑性压应变，包括预拉伸法、等效降低热输入和降低整个工件上温度梯度的均匀预热法。

2）通过增大冷却阶段的纵向塑性拉应变，主要通过采用急冷等方式，包括动态温差拉伸（随焊急冷）和静态温差拉伸等。

3）通过诸如焊缝滚压、焊后机械拉伸、机械振动、焊后锤击焊道等方法，造成能抵消或部分抵消压缩塑性变形产生的伸长塑性变形，达到控制焊后残余应力和变形的目的。

复习思考题

1. 焊前预热的优点有哪些？
2. 铝合金工件焊接变形的基本形式有哪些？

第 *3* 章

铝合金焊接设备操作与禁忌

3.1 钨极氩弧焊设备操作与禁忌

3.1.1 钨极氩弧焊设备组成

手工钨极氩弧焊设备由焊接电源、控制系统、焊枪、供气系统和冷却系统组成，如图 3-1 所示。

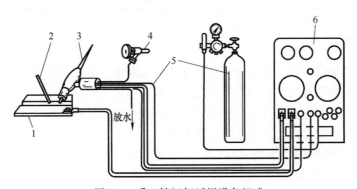

图 3-1 手工钨极氩弧焊设备组成
1—工件 2—焊丝 3—焊枪 4—冷却系统 5—供气系统 6—焊接电源

使用钨极作为电极，利用氩气作为保护气体进行焊接的方法叫钨极氩弧焊，简称 TIG 焊。手工钨极氩弧的工作原理是焊接时氩气从焊枪喷嘴中持续喷出的氩气流，在焊接区形成厚而密的气体保护层而隔绝空气，同时，钨极与工件之间燃烧产生的电弧热量使被焊处熔化，并填充（或不填充）焊丝将被焊金属连接在一起，获得牢固的焊接接头，如图 3-2 所示。

钨极氩弧焊与其他焊接方法相比具有以下优点：

1）焊缝质量较高。由于氩气是惰性气体，可在空气与工件间形成稳定的隔绝层，保证高温下被焊金属中合金元素不会被氧化烧损，同时氩气不溶解于液态金属，故能有效地保护熔池金属，从而获得较高的焊接质量。

2）焊接变形和应力小。由于电弧受氩气流的冷却和压缩作用，电弧的热量集中且氩弧的温度高，故热影响区较窄，适用于薄板焊接。

3）电弧稳定，飞溅少，焊后不用清渣。

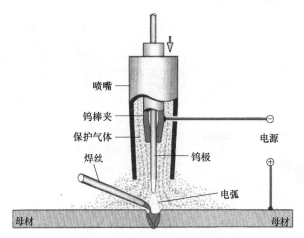

图 3-2　钨极氩弧焊工作原理

4）易于控制熔池尺寸。由于焊丝和电极是分开的，焊工能够很好地控制熔池尺寸和大小。

5）易于实现机械化、自动化焊接。由于是明弧焊，因此便于焊工观察和操作，尤其适用于全位置焊接，容易实现机械化、自动化焊接。

6）可焊接的材料范围广。几乎所有的金属材料都可以焊接，特别适宜于焊接化学性质活泼的金属及其合金材料。常用于铝、镁、铜、钛及其合金，以及低合金钢、不锈钢和耐热钢等材料的焊接。

手工钨极氩弧焊与其他焊接方法相比具有以下缺点：

1）设备成本较高。

2）氩气电离势高，引弧困难，需要采用高频引弧及稳弧装置。

3）焊接速度、熔敷效率低。

4）不适于在有风的地方或露天施焊。

5）焊接生产成本比焊条电弧焊高。

6）焊接时产生的臭氧对焊工危害较大，放射性的钍钨电极对焊工有一定危害，应使用铈钨电极。

钨极氩弧焊的分类：

1）钨极氩弧焊按操作方式分为手工焊和自动焊两种。

手工钨极氩弧焊焊接时，一手握焊枪，另一手持焊丝，随焊枪的摆动和前进，逐渐将焊丝填入熔池之中。有时也不加填充焊丝，仅将接口边缘熔化后形成焊缝；自动钨极氩弧焊时，以传动机构带动焊枪行走，送丝机构配合焊枪进行连续送丝。

2）钨极氩弧焊根据所采用的电源种类，分为直流、交流和脉冲三种。

3.1.2　钨极氩弧焊设备结构特点

1. 焊接电源（焊机）

因为手工钨极氩弧焊的电弧静特性与焊条电弧焊相似，所以任何具有陡降外特性的弧焊电源都可以作为氩弧焊电源，如图 3-3 所示。

a) 交直流两用氩弧焊机

b) 直流氩弧焊机

c) 脉冲氩弧焊机

图 3-3　焊接电源

2. 控制系统

交流手工钨极氩弧焊机的控制程序如图 3-4 所示。

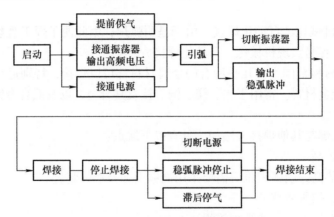

图 3-4　交流手工钨极氩弧焊机控制程序

3. 焊枪

1）焊枪主要由焊枪体、钨极夹头、进气管、电缆、喷嘴、按钮开关等组成。

2）焊枪的作用是传导电流、夹持钨极和输送氩气。

3）氩弧焊焊枪按冷却方式可分为气冷式焊枪（见图 3-5）和水冷式焊枪（见图 3-6）。

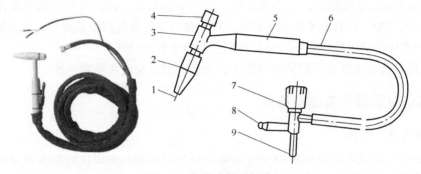

图 3-5　气冷式氩弧焊枪

1—钨极　2—陶瓷喷嘴　3—枪体　4—短帽　5—手把　6—电缆　7—气体开关手轮　8—通气接头　9—通电接头

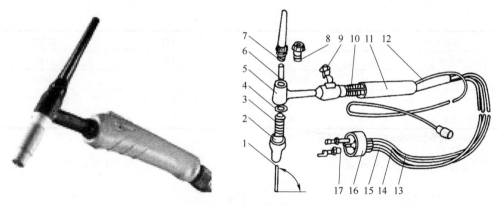

图 3-6　水冷式氩弧焊枪

1—钨极　2—陶瓷喷嘴　3—导流件　4、8—密封圈　5—枪体　6—钨极夹头　7—盖帽　9—船形开关

10—扎线　11—手把　12—插圈　13—进气皮管　14—出水皮管　15—水冷缆管　16—活动接头　17—水电接头

4）常见的焊枪喷嘴出口形状如图 3-7 所示。

4. 供气系统

1）氩气瓶。氩气钢瓶外表涂灰色，并标有深绿色"氩"的字样，如图 3-8 所示。

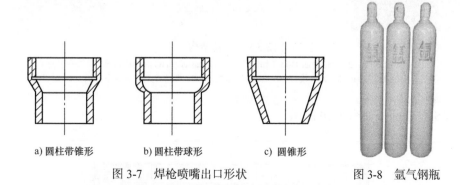

a) 圆柱带锥形　　　b) 圆柱带球形　　　c) 圆锥形

图 3-7　焊枪喷嘴出口形状　　　　　图 3-8　氩气钢瓶

2）氩气流量调节阀。它不仅能起到降压和稳压的作用，而且可以方便地调节氩气流量。

3.1.3　典型钨极氩弧焊设备技术参数

以典型的钨极氩弧焊设备 Fronius MW 2500/3000 job、iWave 500i AC/DC 为例进行介绍。

1）设备的主要参数见表 3-1。

表 3-1　氩弧焊设备的主要技术参数

参数名称	参数值	参数值	参数值
电源	MW2500	MW3000	iWave 500i
输入电压（50/60Hz）/V	（3×400）±15%	（3×400）±15%	3×400
最大输入电流（Slow-Blow）/A	16	16	16
焊接电流 /A	3～250	3～300	3～500
暂载率（10min/40℃）	250A 40%DC	300A 35% DC	500A 40% DC

（续）

参数名称	参数值	参数值	参数值
开路电压 /V	89	89	101
保护等级	IP23	IP23	IP23
尺寸 $L \times W \times H$/mm	560×250×435	560×250×435	706×300×720
重量 /kg	26.6	26.6	69.6

注：iWave 500i AC/DC 为伏能士 2022 最新款电源产品。

2）设备结构如图 3-9 所示。

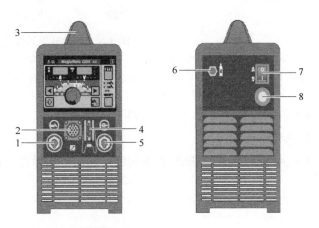

图 3-9　设备结构

1—焊枪接口　2—LocalNet 接口（如遥控器、JobMaster、TIG 焊枪接口等）　3—手柄
4—焊枪控制线接口　5—回线接口　6—保护气体接口　7—带应变消除装置电源线　8—总开关

3）焊机控制面板如图 3-10 所示。

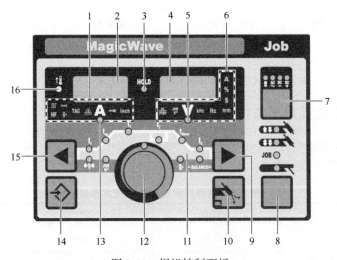

图 3-10　焊机控制面板

1—特殊显示　2—左侧数字显示屏　3—HOLD 显示　4—右侧数字显示屏　5—电弧电压显示　6—单位显示
7—焊接方法　8—操作模式　9—参数选择　10—气体检测　11—焊接参数概览　12—更改参数旋钮　13—焊接电流显示
14—存储键　15—参数选择　16—过热显示

4）产品特点：以最新的 iWave 500i AC/DC 为例进行介绍。

iWave 作为伏能士最新一代的手工氩弧焊焊接系统，凭借其有针对性的热输入和改进的起弧功能，可以最大程度地控制电弧，同时显著减少起弧延迟。

铝合金焊接的一大难点，是因为铝本身会被氧化层包围，所以氧化层需要被破坏才能正常焊接。iWave 提供的 AC/DC 波形功能，可以在交流焊接过程中自行选择最合适的波形。当使用交流电（AC）进行焊接时，电极设置为正极时，负极化的电子从工件移动到电极中，在此过程中破坏氧化层。 然后将电极设置为负极，移动到工件中的电子会产生热量——这就是焊接所需的工作方式。并且根据不同的需要选择特定的波形，结合伏能士 Active Wave（活性波）技术，更可以在 TIG 交流焊接时的电弧噪声降低多达 10dB。即使电源的输出功率达到 300A，噪声仍小于 80dB。

对于铝合金焊接时起弧难的问题，伏能士 iWave 全新的高频引弧工艺已得到优化。通过 RPI 自动功能，这个新的引弧模式可减少 71% 引弧延迟。在焊接铝合金时，自动削球功能可以根据预先设定的电极直径在电极端部快速形成一个小球，通过这种方式，2s 就能完成削球，可以大量节约重新研磨电极的工作时间。

iWave 新的 TIG 焊枪可以在焊接过程中完全冷却到枪颈的头部，确保可靠的散热。这不但显著改善铝合金焊接时的热影响问题，还能提高枪颈易损件的使用寿命。而且针对于铝合金焊接，可以实现全位置焊接。

除此之外，伏能士 iWave 的 CycleTig 功能，TIG 焊接变得更容易。基于叠焊原理，提供额外的调整选项和新的参数组合，从而获得更好的焊接效果（出色的焊缝外观）。电流、时间和各种参数组合可精确设置，通过预设的的热输入可以控制每个熔池。

3.1.4　典型钨极氩弧焊设备操作禁忌

以 Fronius MW3000 job 焊机为例：

1）忌用自来水作为冷却水，否则长时间后会产生大量的水垢，导致冷却系统损坏，应使用蒸馏水。

2）忌用含有酒精等易燃易爆液体作为冷却水，以免在焊接时起火。

3）忌冷却水在最低水位线以下使用焊机，否则易导致水泵损坏。

4）忌将钨极的端部磨成锥形，应为锥台形。

5）忌钨极与导电座、电极夹不匹配使用，如钨极直径为 2.4mm，而导电座或电极夹的直径为 3.2mm，会导致电弧不稳。

6）忌使用的喷嘴过大或过小，应根据气体流量的大小选择适当规格的喷嘴。

7）忌钨极的伸出长度过长或过短，应根据接头的类型及焊接位置进行选择。

8）忌长时间不对喷嘴进行清理，防止喷嘴内飞溅过多影响气体流量，导致气体保护效果差。

9）忌焊接时回线夹持不紧或虚接，导致焊接电弧不稳定。

10）忌焊接时回线与焊缝位置距离太远，或没有直接夹在工件上，导致焊接电弧不稳定。

11）忌导电座未拧紧，导致焊枪发烫。

3.1.5 设备维护保养与故障处理

钨极氩弧焊设备的正确使用和维护保养，是保证焊接设备具有良好工作性能和延长使用寿命的重要因素。因此，必须加强对氩弧焊设备的保养。

1. 操作人员基本要求

1）操作者应熟悉设备的基本结构、原理、性能、主要技术参数，经培训合格，取得相应等级的上岗证后，方可操作设备。

2）操作者应正确穿戴劳动防护用品，备齐相应作业用的工装和工具。

3）严禁酒后、身体状况不佳时操作设备。

4）做到"三好四会"（三好：管好、用好、保养好；四会：会使用、会保养、会检查、会排除简单故障），认真执行维护保养规定，做好清扫、检查、维护等工作，保持设备完好。

5）严格按照"设备点检表"的内容如实点检，并填写点检记录，发现设备异常应及时报修。

6）设备封存期间，每月应开机运行。

7）禁止在设备上放置杂物（水杯、防护面罩、扳手等）。

2. 钨极氩弧焊设备维护保养

钨极氩弧焊设备维护保养要点，见表3-2。

表 3-2　钨极氩弧焊设备维护保养要点

序号	项目	维护保养内容	图示	周期	维护保养人员
1	整理清洁	清洁、擦洗焊机和送丝机外表面及各罩盖，达到内外清洁，无锈蚀，见本色；整理检查气管，更换损坏的气管		每日	操作者
		清洁整理焊接电缆和回线，线缆整齐无缠绕、无打结、无破损		每日	操作者
		检查清洁焊机操作面板		每日	操作者

（续）

序号	项目	维护保养内容	图示	周期	维护保养人员
2	检查调整	检查回线夹是否损坏，保证回线连接可靠	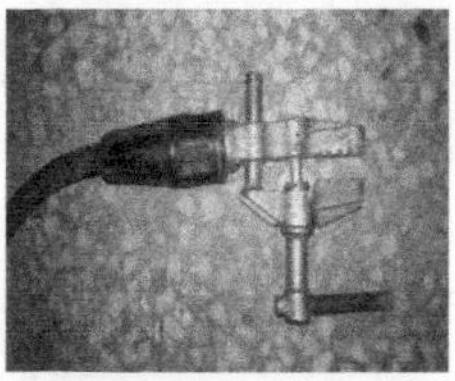	每日	操作者
		检查枪颈部分各连接处是否紧固	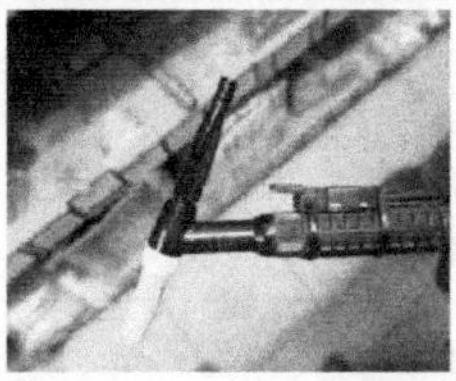	每日	操作者
		检查焊机各接头是否紧固	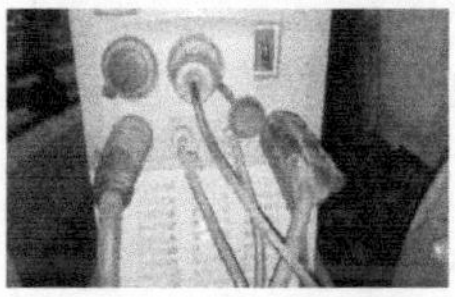	每日	操作者
		检查保护气体流量和气管连接是否完好		每日	操作者
		检查水位及水质，根据情况添加或更换蒸馏水，清洁冷却水箱	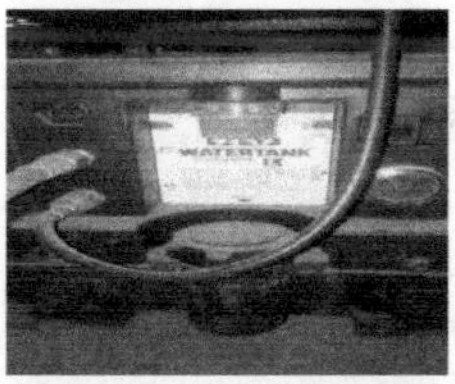	每月	操作者维修人员配合
		检查整理焊接电缆和回线，线缆整齐无缠绕、打结、破损		每日	操作者
		检查清理焊机散热风扇		每日	操作者

3. 钨极氩弧焊机故障与维修

钨极氩弧焊机故障与维修见表 3-3。

表 3-3　钨极氩弧焊机故障与维修

序号	故障现象	产生原因	维修方法
1	夹钨	1. 接触引弧 2. 钨极熔化	1. 采用高频振荡器或高压脉冲发生器引弧 2. 减小焊接电流或加大钨极直径，旋紧钨极夹头，减小钨极伸出长度 3. 更换有裂纹或撕裂的钨极
2	气体保护效果差	1. 保护气体纯度低 2. 提前送气和滞后送气时间短 3. 气体流量过小 4. 气管破损漏气	1. 采用纯度为 99.99%（体积分数）的氩气 2. 有足够的提前送气和滞后送气时间 3. 加大气体流量 4. 检修或更换破损气管
3	电弧不稳定	1. 工件上有油污 2. 接头坡口间隙太窄 3. 钨极污染 4. 钨极直径过大 5. 弧长过长	1. 清理工件 2. 加宽接头坡口间隙，缩短弧长 3. 去除污染部分钨极 4. 使用正确的钨极直径及夹头 5. 压低喷嘴与工件表面的距离，缩短弧长
4	钨电极损耗过快	1. 气体保护不好，钨极氧化 2. 反极性接法 3. 夹头过热 4. 钨极直径过小 5. 停止焊接时，钨极被氧化	1. 清理喷嘴，缩短喷嘴距离，适当增加氩气流量 2. 增大钨极直径，改为正极性接法 3. 磨光钨极，更换夹头 4. 增大钨极直径 5. 增加滞后送气时间，不少于 1s/10A

3.2　熔化极氩弧焊设备操作与禁忌

3.2.1　熔化极氩弧焊设备组成

熔化极氩弧焊可分为半自动焊和自动焊两种类型：前者由焊工手持焊枪操作，后者由自动焊接小车载焊枪移动完成焊接，焊丝均由送丝机构经焊枪自动送进。半自动焊较为机动、灵活，适用于短焊缝、断续焊缝或较复杂结构的全位置焊缝的焊接。自动焊主要用于中等以上厚度的铝及铝合金的焊接，适用于形状规则的纵焊缝或环焊缝且处于水平位置的焊缝焊接。

焊接设备主要由焊接电源、送丝系统、焊枪及行走系统（自动焊）、供气系统、冷却水系统和控制系统六大部分组成，如图 3-11 所示。

焊接电源提供焊接过程所需要的能量，维持焊接电弧的稳定燃烧；送丝机构将焊丝从焊丝盘中拉出并将其送给焊枪；焊枪输送焊丝和保护气体，并通过导电嘴使焊丝带电；供气系统提供焊接时所需的保护气体，使电弧、熔池得到有效保护；冷却水系统通过循环水冷却焊枪，避免其过热损坏；控制系统主要是控制和调整整个焊接程序，开始和停止输送保护气体和冷却水，启动和停止焊接电源接触器，以及按要求控制送丝速度和焊接小车行走方向、焊接速度等。

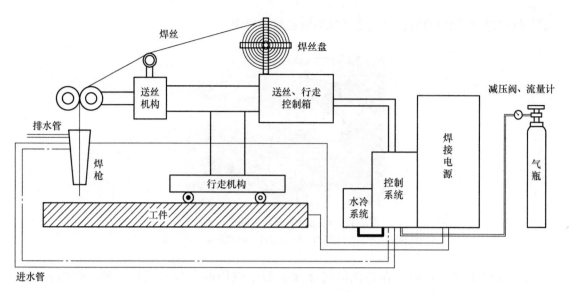

图 3-11　焊接设备系统结构

3.2.2 熔化极氩弧焊设备结构特点

1. 焊接电源

1）铝及铝合金的熔化极氩弧焊通常采用直流（直流反接）焊接电源或直流脉冲电源。焊接电源的额定功率取决于各种用途所要求的电流范围。这种焊接电源可为变压器+整流器和逆变电源式。

2）熔化极氩弧焊的焊接电源外特性可分为平特性（恒压）和陡降特性（恒流）。

3）半自动焊多用细直径（<1.6mm）焊丝，这时应采用平特性（即恒压）电源和等速送丝。平特性电源配合等速送丝系统具有许多优点：由于可通过改变电源空载电压调节电弧电压，通过改变送丝速度来调节焊接电流，故焊接规范调节比较方便；当弧长变化时平特性电源可引起较大的电流变化，具有较强的自调节作用。实际使用的平特性电源其外特性并不都是真正平直的，而是带有一定的向下倾斜，其倾斜率一般要求≤5V/100A。

4）用粗直径（≥1.6mm）焊丝时，应采用陡降特性（恒流）电源，配用变速送丝系统，焊接时主要调节电流大小，而送丝速度由自动系统维持弧长来进行调节。粗直径焊丝多用于平焊位置的自动焊。

5）平特性弧焊电源的空载电压通常在 40～50V。陡降特性弧焊电源的空载电压通常在 60～70V，额定电流一般为 160～500A，额定负载持续率为 60% 和 100%。

6）对于熔化极脉冲氩弧焊通常采用平特性的直流电源。空载电压一般为 50～60V，额定脉冲电流一般在 500A 以下，额定负载持续率为 35%、60% 和 100%。

7）采用短路熔滴过渡形式的熔化极气体保护焊时，要求弧焊电源输出电抗器的电感量可调，最好能无级调节。

2. 送丝系统

1）组成。熔化极氩弧焊机的送丝系统通常由送丝驱动机构（包括电动机、减速箱、送丝轮、压丝轮、调节器）、送丝软管、焊丝盘等组成，如图 3-12 所示。盘绕在焊丝盘上的焊丝经过压丝轮校直后，经过送丝机构输送到焊枪中。

图 3-12 熔化极氩弧焊机的送丝系统

1—固定支架 2—焊丝盘 3—压丝轮 4—送丝轮 5—调节器

2）送丝方式。目前，在熔化极气体保护焊中应用的送丝方式有三种：推丝式（见图 3-13）、拉丝式（见图 3-14）和推拉丝式（见图）。

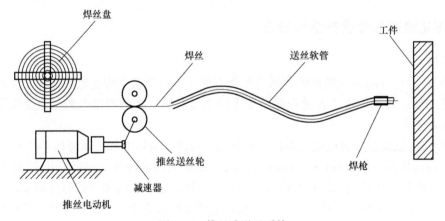

图 3-13 推丝式送丝系统

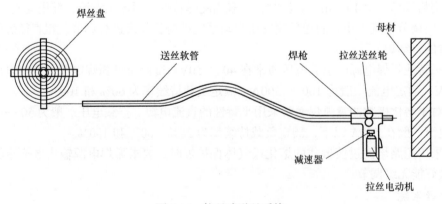

图 3-14 拉丝式送丝系统

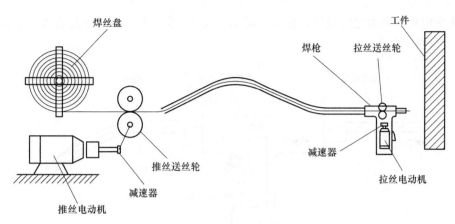

图　推拉丝式送丝系统

利用推丝电动机，经过安装在减速器输出轴上的推丝送丝轮，将焊丝送入送丝软管，进入焊枪的送丝方式称推丝式，这是半自动熔化极氩弧焊应用最广泛的送丝方式。这种送丝方式的焊枪结构简单、轻便，操作、维修都比较方便，但焊丝送进的阻力较大，随着软管的加长，送丝稳定性变差，因此推丝式送丝距离一般在 3m 以内。

利用拉丝电机将焊丝从送丝软管中拉出，进入焊枪的送丝方式称拉丝式。拉丝式又可分为三种形式：第一种是将电动机安装在焊枪上，焊丝盘和焊枪分开，两者通过送丝软管连接；第二种是将焊丝盘直接安装在焊枪上。这两种都适用于细丝半自动焊：前者操作较轻便，后者去掉了送丝软管，增加了送丝的可靠性和稳定性，适用于铝或较软细丝的输送；缺点是重量较大，增加了焊工的劳动强度。第三种是不但焊丝盘与焊枪分开，而且送丝电动机也与焊枪分开，这种送丝方式通常用于自动熔化极氩弧焊。

采取后推前拉的送丝方式称推拉丝式。利用两个力的合力来克服焊丝在软管中的阻力，从而可以扩大半自动焊的操作距离，其送丝软管最长可达 15m 左右。推丝、拉丝这两个动力在调试过程中要配合好，尽量做到同步，但以拉为主，使焊丝在送进过程中在软管中始终保持拉直状态。这种送丝方式常被用于半自动熔化极氩弧焊。

3. 焊枪及行走系统

1）焊枪的作用是导电、送气和导丝。

2）熔化极氩弧焊焊枪分为半自动焊枪（手握式）和自动焊焊枪（安装在机械装置上）。

3）手握式半自动焊枪常用的有鹅颈式和手枪式两种。前者适用于小直径焊丝，轻巧灵便，特别适用于结构紧凑、难以达到的拐角处或某些受限制区域的焊接；后者适用于较大直径的焊丝，它对冷却要求较高。

4）焊枪的冷却方式有两种：空气冷却和水冷却。冷却方式的选择取决于保护气体种类、焊接电流大小和接头形式。对于熔化极氩弧焊，当焊接电流超过 200A 时，需采用水冷焊枪。水冷焊枪的一体式电缆中包含焊接电缆、送丝软管、气体导管、冷却水管和焊枪控制线。焊枪的型号主要根据额定焊接电流大小来确定。半自动焊枪的额定焊接电流通常有 200A、300A、400A、500A 几种。

5）典型的手握式半自动水冷式熔化极氩弧焊焊枪，如图 3-16 所示。焊接电流通过焊接电缆、枪管总成（铜导管）、焊枪枪头、导电嘴传导给焊丝。保护气通过气体导管、焊枪枪头、气筛，从导电嘴与喷嘴之间喷出，在焊丝周围形成气体保护层。焊丝通过送丝软管进入焊枪枪体，由导电嘴导出。

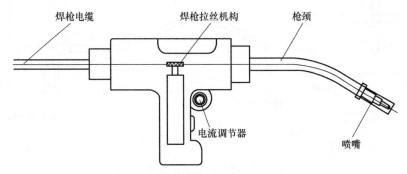

图 3-16　典型的手握式半自动水冷式熔化极氩弧焊焊枪

4. 供气系统和冷却水系统

1）熔化极氩弧焊供气系统与钨极氩弧焊相同，通常由氩气瓶、减压流量计、气体导管和电磁阀等组成。

2）用水冷式焊枪时，必须有水冷却系统，它也与 TIG 焊水冷却系统相同，由水箱、水泵、冷却水管及水压开关组成。水箱里的冷却水通过水泵流经冷却水管，经水压开关后流入焊枪，然后经冷却水管再回流入水箱，形成冷却水循环。水压开关的作用是保证当冷却水未流入焊枪时，焊接系统不能启动，以保护焊枪，避免焊枪因未经冷却而烧坏。

5. 控制系统

1）熔化极氩弧焊机的控制系统主要由基本控制系统和程序控制系统组成，半自动焊机控制系统如图 3-17 所示。

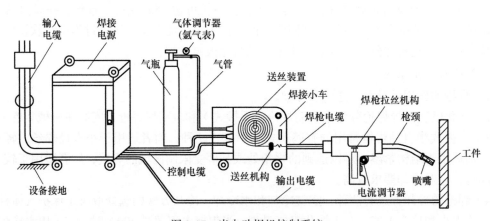

图 3-17　半自动焊机控制系统

2）基本控制系统主要包括：焊接电源输出调节系统、送丝速度调节系统、小车或工作台行走速度调节系统（自动焊）、脉冲参数调节系统及气体流量调节系统等组成。基本控制系统的主要作用是在焊前或焊接过程中调节焊接工艺参数（如焊接电流、电弧电压、送丝速度、焊接速度、脉冲参数及气体流量等）。

3）程序控制系统的主要作用是对整套设备的各组成部分按照预先拟定的焊接工艺程序进行控制，以便协调有序地完成焊接，如：① 控制焊接设备引弧和熄弧的启动和停止。② 控制电磁阀动作，实现提前送气和滞后停气，使电弧和熔池受到良好的保护。③ 控制水压开关动作，保证焊枪及时冷却。④ 控制引弧和熄弧。⑤ 控制送丝和小车或工作平台移动（自动焊时）。

3.2.3　典型熔化极氩弧设备技术参数

目前，生产中常用的熔化极氩弧焊机主要有半自动熔化极氩弧焊机、脉冲熔化极氩弧焊机和自动熔化极氩弧焊专机。表 3-4 列出了典型的熔化极氩弧焊机技术参数。

表 3-4　典型熔化极氩弧焊机主要技术参数

类别	熔化极氩弧焊机		脉冲熔化极氩弧焊机	
代表型号	NBA-400	OPTIMAG500S	TPS4000	GLC553MC3
输入电压 /V	380（三相）	380（三相）	380（三相）	380（三相）
空载电压 /V	65 ～ 75	62	70	70
额定输入功率 /kVA	17	18	12.7	32.5
电流调节范围 /A	40 ～ 400	40 ～ 520	3 ～ 400	40 ～ 550
电压调节范围 /V	15 ～ 45	12 ～ 45	14.2 ～ 34	12 ～ 44.5
额定负载持续率（100%）	60	60	60	60
适用焊丝直径 /mm	0.8 ～ 1.2	1.0 ～ 2.4	0.8 ～ 1.6	0.8 ～ 1.6
送丝速度范围 /（m/min）	2 ～ 18	0 ～ 20	0.5 ～ 22	0 ～ 30
功能及用途	具有慢送丝引弧、电流衰减熄弧、填弧坑等功能。适用于 CO_2/MAG/MIG 的实心焊丝对碳素钢、不锈钢、铝、镁及其合金进行焊接	具有引弧、熄弧控制、填弧坑、2T/4T 焊接周期程序选择、焊接参数优化等功能。适用于 MAG/MIG 的实心 / 药芯焊丝对碳素钢、不锈钢、铝、镁及其合金进行焊接	全数字化脉冲 MIG/MAG 焊机，采用微机处理芯片，集中处理所有焊接数据，控制和监测整个焊接过程。内置焊接专家系统，屏幕显示主要焊接参数。适用于高性能、高质量要求的黑色与有色金属焊接	

目前，生产实际工作中，熔化极氩弧焊设备品种规格很多，但除功能转换、程序设置和参数选择外，其操作方法基本相同。下面以奥地利伏能士公司的 TPS 系列数字化脉冲 MIG/MAG 焊机为例进行介绍。

1. 焊机基本结构

TPS 系列焊机主要由焊接电源、送丝机构和焊枪组成。

1）此类焊机的焊接电源 TPS5000 是全数字化控制的新型逆变电源，最大焊接电流为 500A。整个电源的心脏部分是一个微机处理芯片，由它集中处理所有焊接数据，控制和监测整个焊接过程，并快速对任何焊接过程的变化作出反应，确保实现理想的焊接效果。焊接循环水冷却系统安装在焊接电源内部。

2）送丝机构 VR4000C 全部采用 4 轮驱动，具有数显功能，在送丝机上能显示各种参数。

3）焊枪有两种类型：Up/Down 和 Jobmaster 焊枪。

Up/Down 焊枪可以直接在焊枪上调节电流；Jobmaster 焊枪为带遥控、显示功能一体化焊枪，可以直接在焊枪上调节和显示各种焊接参数，如焊接电流、弧长、送丝速度等。

4）遥控器有三种类型：MIG 遥控器、TR4000 普通遥控器和 TR4000C 多功能遥控器。

5）伏能士 TPS5000 型 MIG 焊机如图 3-18 所示。

图 3-18　伏能士 TPS5000 型 MIG 焊机

1—电源开关　2—焊机水循环系统　3—回线接口　4—焊枪线缆　5—焊枪
6—参数调节数显界面　7—回线　8—焊枪连接口　9—手动电压调节旋钮
10—手动电流调节旋钮　11—焊接小车　12—焊丝存放装置
13—气瓶　14—气体流量计　15—主电源接口

2. TPS 系列焊机的特点

1）具有两种引弧方式：一是普通的引弧方式；二是专门为焊接铝合金而设计的特殊引弧方式。

2）所有 TPS 焊机均具有普通 MIG/MAG 焊、脉冲 MIG/MAG 焊、TIG 焊、焊条电弧焊、MIG 钎焊等多种焊接功能。

3）TPS2700 内存有 56 组焊接专家程序，TPS4000/5000 内存有 80 组焊接专家程序。另外，这两种型号的焊机还有一元化调节、记忆等模式，进一步简化了焊接操作。

4）可以精确地控制电弧。脉冲焊接时，除了提供合适的脉冲波形外，还可以控制熔滴过渡，实现超低热输入、无飞溅焊接。

5）焊枪上具有调节规范、方便的同屏显示功能。

3. 焊机各部件功能

（1）控制面板　焊机的控制面板位于焊机前面板上部，控制面板如图 3-19 所示。各部件的名称及作用见表 3-5（表 3-5 中的代号与图 3-19 中的序号一致）。

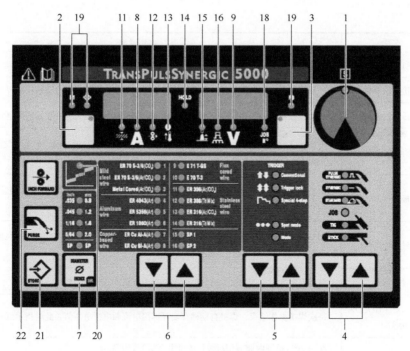

图 3-19　焊机的控制面板

注：1～22 代表的各部件名称见表 3-5。

表 3-5　控制面板上各部件的名称及作用

代号	名称	作用说明
1	调节旋钮	用于调节各种参数。当调节旋钮的指示灯亮时，才能调节参数
2	参数选择键	用来选择下列参数： 焊脚尺寸、板厚、焊接电流、送丝速度、用户定义显示 F1 或 F2 指示灯 一旦选定某个参数，就可以通过调节旋钮来调整（只有当调节旋钮和参数选择键的指示灯都亮时，所指示或选择的参数才能通过调节旋钮来调整） 弧长修正、熔滴过渡 / 电弧推力、焊接速度、电弧电压等 一旦选定某个参数，就可以通过调节旋钮来调整（只有当调节旋钮和参数选择键的指示灯都亮时，所指示或选择的参数才能通过调节旋钮来调整）
3	焊接方法选择键	用来选择下列焊接方法： 脉冲 MIG/MAG 焊接、普通 MIG/MAG 焊接、特殊材料焊接方法（如铝合金焊接）、JOB 模式（调用预先存储焊接方法及规范）、接触引弧的 TIG 焊、焊条电弧焊 铝合金焊接选用脉冲 MIG 焊
4	焊枪操作方式选择键	用来选择下列操作方式： 二步开关操作、四步开关操作、焊接铝合金特殊四步开关操作、Model1 及 Model2（用户可加载特殊的焊枪开关操作方式） 铝合金焊接选用二步开关操作或特殊四步开关操作
5	焊接材料选择键	选择所采用的焊接材料及相配的保护气体。模块 SP1、SP2 是为了用户可能会增加的特殊焊接材料而预留的

（续）

代号	名称	作用说明
6	焊丝直径选择键	选择需要采用的焊丝直径。模块 SP 是为增加额外的焊丝直径而预留的
7	焊接电流参数	显示焊接电流值：焊前，显示器显示设定的电流值；焊接过程中显示实际焊接电流值
8	电弧电压参数	显示电弧电压值：焊前，显示器显示设定的电压值；焊接过程中显示实际电弧电压值
9	焊脚尺寸参数	可显示"a"和"z"两种焊脚尺寸。在选择焊脚尺寸"a"值之前，必须先设置焊接速度（手工焊接时，推荐焊接速度 35cm/min）
10	板厚参数	用来选择板厚（单位：mm）。选定板厚后，焊机会自动优化设定其他焊接参数（即调节板厚实际是调节焊接电流，调节电流也就是调节板厚）
11	送丝速度参数	用来选择送丝速度（单位：m/min）。选定送丝速度后，其他焊接参数会自动设定。手工焊接时送丝速度由系统设定，一般不需要调整
12	过热指示	电源温度太高（如超过了负载持续率）指示灯亮，需停止焊接
13	暂储指示灯（HOLD 指示灯）	每次焊接操作结束，焊机自动储存实际焊接电流和电弧电压值，此时指示灯亮
14	弧长修正	在 ±20% 范围内调节相对弧长（可由小车下旋钮调节） "-"表示弧长缩短 "0"表示中等弧长（一般先设定"0"，再根据实际需要调节弧长） "+"表示弧长加长
15	熔滴过渡/电弧推力(电弧挺度)调节	采用不同的焊接方法所起的功能不同 1. 脉冲 MIG/MAG 焊：连续调节熔滴过渡力（熔滴分离力） "-"表示弧长缩短 "0"表示中等熔滴过渡力（一般先设定"0"，再根据实际需要调节） "+"表示增强熔滴过渡力（立、仰焊可向"+"调一些） 2. 普通 MIG/MAG 焊：用以调节熔滴过渡时短路瞬间的电弧力 "-"表示较硬、较稳定的电弧 "0"表示自然电弧 "+"表示较软、低飞溅电弧 3. 焊条电弧焊：在熔滴过渡瞬间，影响短路电流 "0"表示较软、低飞溅电弧 "100"表示较硬、较稳定的电弧
16	焊接速度参数	用来选择焊接速度（在自动焊时用）。此参数选定后送丝速度、焊接电流和电弧电压也随之而定。半自动焊时不用，固定在 30～35cm/min
17	工作序号（记忆模式）	工作号是由"存储"键预先存入的，用于随时调用以前已存储的焊接参数
18	用户自定义指示	F1、F2、F3 指示预定义参数（如马达电流，用户要求的特定程序）
19	中介电弧指示	介于短路过渡和喷射过渡之间的电弧称中介电弧，此种电弧的熔滴过渡效果最差，飞溅较大
20	设置/储存键	用于进入手工设置或存储参数
21	气体测试按键	用于检测气体流量
22	点动送丝按键	将焊丝送入焊枪（用于未通电及保护气体时实现送丝）

（2）焊接电源　图 3-20 所示为 TPS2700 焊接电源。

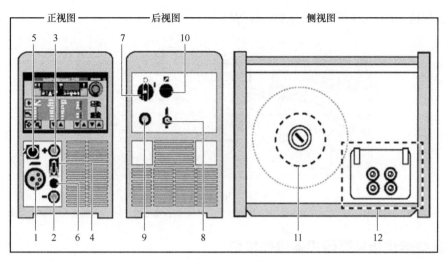

图 3-20　TPS2700 焊接电源

1—焊枪接口　2—负极快速接口　3—正极快速接口　4—焊枪控制接口　5—遥控接口　6—备用接口　7—主开关
8—保护气接口　9—主线缆接口　10—备用接口　11—焊丝盘座　12—四轮送丝机构

（3）送丝机　图 3-21 所示为 VR4000 型送丝机。

图 3-21　VR4000 型送丝机

（4）冷却系统　图 3-22 所示为 FK4000/4000R 冷却系统。

图 3-22　FK4000/4000R 冷却系统

1—冷却水位指示　2—注水口　3—水泵熔丝　4—备用回水插口　5—备用出水插口

（5）焊枪　图3-23所示为Up/Down焊枪。

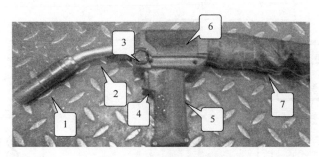

图3-23　Up/Down焊枪

1—喷嘴　2—枪颈　3—电流调节旋钮　4—焊枪开关　5—焊枪拉丝电机　6—拉丝机构　7—焊枪线缆

3.2.4　典型熔化极氩弧焊设备操作禁忌

1）忌用自来水作为冷却水，否则长时间后会产生大量的水垢，导致冷却系统损坏，应使用蒸馏水。

2）忌用含有酒精等易燃易爆的液体作为冷却水，以免在焊接时起火。

3）忌冷却水在最低水位线以下，否则易导致水泵损坏。

4）对于可旋转的焊枪忌逆时针旋转枪颈，否则可能导致焊枪漏水，从而出现大量气孔。

5）忌长时间不对喷嘴进行清理，防止喷嘴内飞溅过多导致气体保护效果差。

6）忌喷嘴安装不到位，喷嘴端部与导电嘴相差过大，导致气体保护效果差。

7）忌导丝轮与所用的焊丝直径不匹配，否则可能导致送丝不畅。

8）忌焊枪在焊接时没有拉直而打拧，从而导致送丝不畅。

9）忌导电嘴未拧紧，导致电弧不稳。

10）忌焊接时回线夹持不紧或虚接，可能导致电弧不稳。

11）忌焊接时回线与焊缝位置距离太远，或未直接夹在工件上，从而导致电弧不稳。

3.2.5　设备维护保养与故障处理

熔化极氩弧焊设备的正确使用和维护保养，是保证焊接设备具有良好工作性能和延长使用寿命的重要因素之一。因此，必须加强对熔化极氩弧焊设备的保养工作。

1. 操作人员基本要求

1）操作人员须熟悉设备的基本结构、原理、性能、主要技术参数，经培训合格取得相应等级证和上岗证后，方可操作设备。

2）严禁酒后、身体状况不佳时操作设备。

3）操作者应注意观察设备运行状况及周边环境，发现异常应立即停止设备运转，先自行排除处理，无法自行排除设备异常时应及时通知维修人员。

4）设备运行中不得从事与本设备无关的其他工作，应做到机转人在，人走机停（有一人多机操作规定的除外）。

5）做到"三好四会"（三好：管好、用好、保养好；四会：会使用、会保养、会检查、会排除简单故障），认真执行维护保养规定，做好清扫、紧固、润滑等工作，保持设备完好。

6）设备封存期间，每月应开机运行一次。

7）禁止在设备上放置杂物（劳保用品、工具等）。

2. 熔化极氩弧焊设备维护保养

熔化极氩弧设备维护保养要点，见表3-6。

表 3-6　熔化极氩弧设备维护保养要点

序号	项目	维护保养内容	图示	周期	维护保养人员
1	整理清洁	清洁、擦洗焊机和送丝机外表面及各罩盖，达到内外清洁，无锈蚀，见本色；整理检查气管，更换损坏的气管；清洁焊机内部		每日	操作者
		清洁送丝软管，以保证送丝顺畅	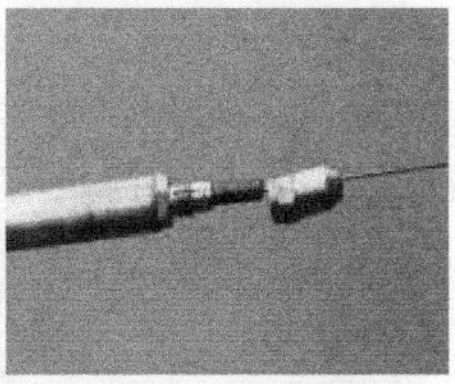	每日	操作者
2	检查调整	检查、调整送丝轮压力和间隙		每日	操作者
		检查水路、气路各接头是否紧固		每日	操作者
		检查清洁焊机操作面板		每日	操作者
		检查回线夹是否损坏，保证回线连接可靠	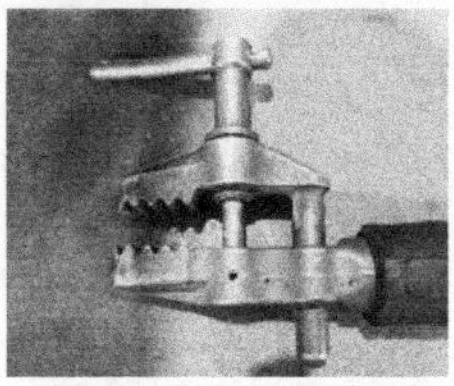	每日	操作者

（续）

序号	项目	维护保养内容	图示	周期	维护保养人员
2	检查调整	检查枪颈部分各连接处是否紧固		每日	操作者
		检查焊机的正负极接头是否紧固		每日	操作者
		检查保护气体流量和气管连接是否完好		每日	操作者
		检查水位及水质，根据情况添加或更换蒸馏水，清洁冷却水箱		每月	操作者维修人员配合
		检查整理焊接电缆和回线，线缆整齐，无缠绕、打结、破损		每日	操作者

3. 熔化极氩弧焊设备的故障与维修

熔化极氩弧焊设备的故障与维修见表3-7。

表 3-7　熔化极氩弧焊设备的故障与维修

序号	故障现象	产生原因	维修方法
1	焊接电弧不稳定	1. 保护气纯度低 2. 送丝速度调节不当 3. 气体流量过小 4. 焊接参数设置不正确	1. 更换高纯度气体 2. 调节送丝速度 3. 调节气体流量 4. 调节焊接参数
2	焊枪堵丝故障	1. 送丝轮压紧力不合适 2. 导电嘴孔径不合适 3. 飞溅堵塞导电嘴 4. 送丝软管损坏	1. 调节送丝轮的压紧力 2. 更换合适直径的导电嘴 3. 及时清理导电嘴上的飞溅 4. 更换新的送丝软管

（续）

序号	故障现象	产生原因	维修方法
3	按动焊枪开关无空载电压，送丝机不转	1. 外电不正常 2. 焊枪开关断路或接触不良 3. 控制变压器有故障 4. 交流接触器未吸合	1. 检查确认三相电源是否正常（正常值为380V±10%） 2. 找到断路点重新接线或更换焊枪开关 3. 更换新的控制变压器 4. 检查交流接触器线圈电阻值，1000Ω以下、500Ω以上为不正常，需更换交流接触器
4	焊接电流、电弧电压失调	1. 控制器电缆有故障 2. 电压调整电位器有故障 3. P 板有故障	1. 用万用表检查控制器电缆是否断路或短路 2. 用万用表检查电压调整电位器电阻值是否按指数规律变化 3. 更换 P 板

3.2.6　铝合金 PMC 焊工艺

PMC Mix Drive 是伏能士独有的，特别适合于铝焊的 MIG 焊接工艺，这是一种混合的过渡方式。包括 PMC 过渡阶段和电动机反向送丝的过渡阶段，这 2 个阶段周期循环切换。

PMC 是给予足够多热量的高能量周期。而电动机反向送丝的过程为低能量周期，类似 CMT 过渡周期。它在这个混合过渡周期里是属于较冷的工艺过程，对于熔池的支持效果发挥主要作用。

参数方面，PMC Mix Drive 在传统的送丝速度、弧长修正及电感修正这 3 个参数的基础上，增加了额外的 3 个控制参数。它们的作用是可以分别调整高能量区间及低能量区间的时间长度，从而可以达到更低的热输入，形成更好的鱼鳞纹外观。

除此之外，PMC Mix Drive 工艺还具有特有的 2 个新功能，即恒熔深及等弧长功能。

在传统的弧焊工艺中，随着干伸长的增加，焊接电流会随之降低，因此电流衰减造成的焊缝缺陷是常见的问题之一。但恒熔深功能，颠覆了传统的等速送丝的瓶颈，当干伸长发生变化，系统立即响应，通过变速送丝保证了电流的稳定，从而保证了一致的焊缝熔深。而等弧长功能，在一些复杂的工件上，因为多种不同的接头形式，往往每条焊缝都需要单独调试它的参数。但当使用了等弧长功能，对于不同形状的工件，只需要使用相同的参数调整，整个焊接系统会找到最佳的电弧长度，缩短调试时间。因此对于铝合金焊接，薄板与厚板的焊接以及立向上位置的焊接，都非常适合使用 PMC Mix Drive 这种工艺。它的优势在于，可以保证最佳的焊缝外观，类似 TIG 焊接的鱼鳞纹效果。能够满足极低的热输入量的要求，减少工件变形；并且良好的间隙搭桥能力，保证最佳的焊缝质量。

3.3　机器人焊接设备操作与禁忌

3.3.1　机器人设备组成

焊接机器人是一种高度自动化的焊接设备，作为现代制造技术发展的重要标志，采用机器人焊接已被国内许多公司所接受，并且越来越多的企业首选焊接机器人作为技术改造的方案。采用机器人进行焊接，仅有一台机器人是不够的，还必须配备辅助设备。常用的焊接机器人系统由以下五部分组成。

1）机器人本体。一般是伺服电动机驱动的六轴关节式操作机，由驱动器、传动机构、机械手臂、关节及内部传感器等组成。其任务是精确地保证机械手末端（焊枪）所要求的位置、姿态和运动轨迹。

2）机器人控制柜。它是机器人系统的神经中枢，包括计算机硬件、软件和一些专用电路，负责处理机器人工作过程中的全部信息和控制其全部动作。

3）焊接电源系统。包括焊接电源、专用焊枪等。

4）焊接传感器及系统安全保护设施。

5）焊接工装工具。

对于小批量多品种、体积或质量较大的产品，可根据其工件的焊缝空间分布情况，采用简易焊接机器人工作站或焊接变位机与机器人组成的机器人工作站，以适用于"柔性化"生产。对于工件体积小、易输送且批量大，或品种规格多的"多品种、小批量"产品，将焊接工序细分，采用机器人与焊接专机组合的生产流水线，结合模块化的焊接夹具以及快速换模技术，以达到投资少、效率高的低成本自动化生产的目的。

焊接机器人按其基本结构分为固定式、悬挂式、龙门式、C型悬臂旋转式+直线导轨结构，如图3-24、图3-25、图3-26所示。

图 3-24　固定式焊接机器人　　　图 3-25　悬挂式直线导轨焊接机器人

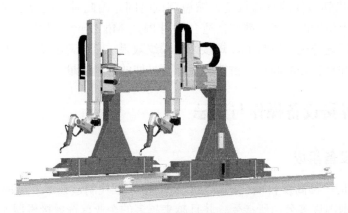

图 3-26　龙门式直线导轨焊接机器人

3.3.2　机器人设备结构特点

弧焊机器人是指用于进行自动弧焊的工业机器人，弧焊机器人主要应用于各类汽车零部件的焊接生产。在该领域，弧焊机器人生产企业主要以向成套装备供应商提供单元产品为主，其结构特点如下。

1）稳定和提高焊接质量，保证其均一性。采用机器人焊接时，由于每条焊缝的焊接参数都是恒定的，焊缝质量受人为因素影响较小，降低了对工人操作技能的要求，因此焊接质量稳定。而人工焊接操作时，焊接速度、干伸长度等是变化的，因此很难做到焊接质量的均一性。

2）改善了操作人员的劳动条件。采用机器人焊接时，有时只需辅助人员来装卸工件，远离了焊接弧光、烟雾和飞溅等危害。

3）提高生产效率。机器人可一天可 24h 连续生产；另外，随着高速高效焊接技术的应用，使用机器人焊接，效率提高更加显著。

4）产品生产周期明确，容易控制产品产量。由于机器人的生产节拍是固定的，因此安排生产计划非常明确。

5）可缩短产品换代的周期，减小相应的设备投资，也可实现小批量产品的焊接自动化。机器人与专机的最大区别，就是前者可以通过修改程序以适应不同工件的生产。

3.3.3　典型机器人设备技术参数

典型机器人设备技术参数，以机器人组焊系统进行说明。

1. 控制系统

控制系统采用 32 位工业微处理机，并且配置 40G 硬盘，内存 256MB，3.5 ″ 软驱及标准 RS232 接口；示教器采用 Windows 平台及视窗界面，编程操作过程简单可靠，包括触摸屏、按键及手柄操作杆三种方式，可进行中、英文双层显示及使用，如图 3-27 所示。

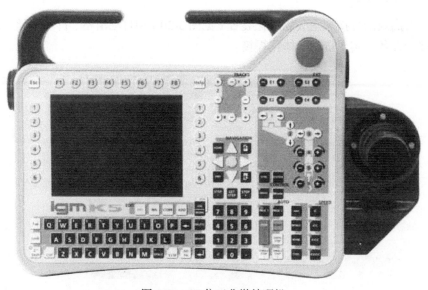

图 3-27　32 位工业微处理机

2. 焊接系统、范围及要求

焊接系统采用伏能士（Fronius）公司的TPS5000全数字化控制的逆变焊接电源，如图3-28所示。该焊机适用于脉冲MIG/CO$_2$/MAG、脉冲MIG/MAG等焊接方法；适合于在有效焊接区域内进行全方位焊接；机器人采用内置蒸馏水的封闭式循环系统，并具有缺水报警装置；机器人焊枪分为单枪、双枪两种。目前双枪采用单独一个示教器实现焊接控制，并采用一体式水冷焊枪，可水冷至导电嘴和喷嘴。

3. 跟踪装置

跟踪系统采用电弧传感器（激光传感器）、气体喷嘴传感器（探针）和 ELS激光传感器三种跟踪方式。喷嘴传感器和激光传感器用于焊前对实际焊缝寻踪定位，电弧传感器用于在焊接过程中实时跟踪，能够提高编程工作效率，保证焊接顺利进行，如图3-29所示。

图3-28 TPS5000全数字化焊接电源

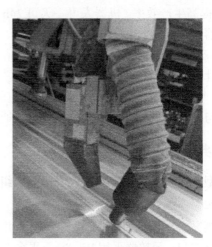

图3-29 电弧传感器

4. 机器人净化装置

系统配有高效的焊接烟尘吸收净化装置（见图3-30）和自动清枪、自动剪丝（见图3-31）及自动喷硅油设备，实现自动一体化焊接。

图3-30 烟尘吸收净化装置

图 3-31　自动清枪、剪丝装置

5. 机器人故障显示及动作

系统的启动、停止，以及暂停、急停等运转方式均可通过示教器或操作盒进行。此外，机器人系统各外轴、示教器、操作盒上均设有急停按钮，在系统发生紧急情况时，可通过急停按钮来实现系统急停，同时发出报警信号。因此，可以及时修正由于装配误差或其他原因造成的焊接缺欠。

6. 系统的组成

机器人焊接系统主要由机器人本体（内部六轴）、外部轴（包括直线轴、旋转臂、变位机）、控制柜、焊接电源、送丝机构、示教器、机械清枪机构及外部启动停止盒等组成，机器人焊接系统的组成如图 3-32 所示。

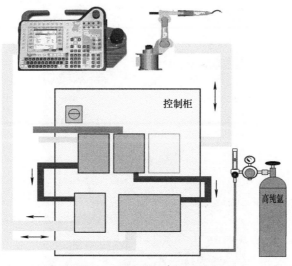

图 3-32　机器人焊接系统组成

7. 示教器

示教器的界面如图 3-33 所示。

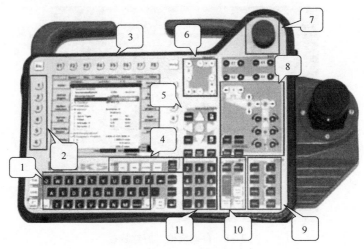

图 3-33 示教器界面

1—字母输入键　2—1～6 软键　3—F1～F8（F1 摘要、F3 新建、F4 工作站：F1 综述、F2 监控、F3 参数、F4 配置、F5 分配、F7 在线；F8 菜单：F1 主菜单、F2 用户、F3 辅助 1、F4 数字 I/O、F5 辅助 2、F6 日期、F7 颜色）　4—编辑键（DEL、INS、CORR、ADD、GETSTEP、STEP-、STEP+、JOG/WORK）　5—光标移动键　6—龙门行走调节键（X±：横向轨道、Y±：地面轨道或纵向轨道、Z±：竖向轨道）　7—急停按钮　8—机器人控制键（各轴移动键、手动速度键、运动模式键）　9—速度调节键（四档）、坐标系调节键（JOINT、WORLD、WORK、TOOL）10—启动停止键（START、STOP、GOTOSTEP、SINGLE STEP-、SINGLE STEP+）　11—数字输入键

8. 各轴零位的校正

F6 轴→设置零位置（RTI2000）→运行至零位置→校正轴（RTI330）。

校零方法：

1）机器人 1 轴～4 轴，采用百分表进行校零，如图 3-34 所示。

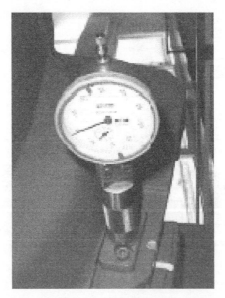

图 3-34　百分表校零

2）机器人 5 轴和 6 轴，采用"销子"手动进行校零，如图 3-35 所示。

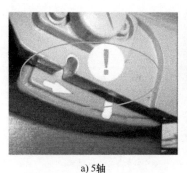 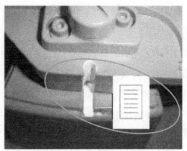

a) 5 轴   b) 6 轴

图 3-35 销子校零

3）外部轴，采用"自动"或"手动"进行校零。

9.TCP（Torch Centrer Point 焊枪中心点）的调整

校正 TCP 需要相应的工具，将 TCP 校正工具取代导电嘴安装在焊枪上（对于不同的焊丝直径，TCP 校正工具不同），使 6 轴处于垂直向下方向，TCP 校正工具的尖端对准某一固定点，单轴坐标（Joint）下转动 6 轴，同时调节焊枪连接器上的三个螺钉，使 6 轴在转动过程中 TCP 尖端始终对准这一固定点，之后在绝对坐标（World）下旋转 4 轴和 5 轴进行检验，TCP 始终对准固定点，以验证 TCP 是否准确。

1）选定合适的位置和参考点。

2）摆放机器人手臂为直角直立状态。

3）松开紧固螺钉。

4）尖对尖，在单轴坐标系下，转动 6 轴 180°，如两尖之间没有偏差，则正常；如有偏差，则通过调整螺钉调节，直至没有偏差。

5）尖对尖，在绝对坐标系下，转动 6 轴 180°，如两尖之间没有偏差，则正常；如有偏差，首先通过调整螺钉调节，直至没有偏差；如实在不能补偿，则可通过给定 XY 偏差值（工作站→配置→工具配置），直至没有偏差。

6）尖对尖，在绝对坐标系下，沿 XY 轴偏转焊枪至少 30°，如偏差在 1mm 内，则校验完毕，否则重新给定焊枪长度值进行校验，直至偏差在 1mm 内，如图 3-36 所示。

10.常用快捷键介绍

1）装入程序：Ctrl+L。

2）激活程序：Ctrl+A。

3）检查程序：Ctrl+K。

4）获取上一个中段步：Ctrl+I。

5）拷贝步点：Ctrl+C。

6）粘贴步点：Ctrl+V。

7）获取步点：Alt+B。

8）喷嘴带电：Ctrl+Alt+O。

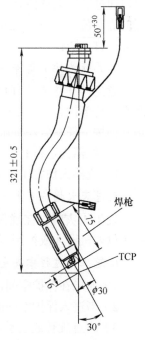

图 3-36 TCP 焊枪调整

9）喷嘴带电关：Ctrl+O。

10）焊接过程实时参数查看：Alt+W。

11）撤销操作（返回）：Alt+U。

12）错误信息调出：Ctrl+H。

13）主程序与样本焊缝切换：Ctrl+F。

14）送丝：Shift+ProcL。

15）收丝：Ctrl+Shift+ProcL。

16）全速 / 半速切换：Alt+H。

3.3.4　典型机器人设备操作禁忌

1. 忌不关闭总电源

在进行机器人的安装、维修、保养时，切记将总电源关闭。带电作业可能会导致致命性后果（如果操作人员不慎遭高压电击，可能会导致心跳停止、烧伤或其他严重伤害）。在得到停电通知时，要预先关断机器人的主电源及气源。突然停电后，要在来电之前预先关闭机器人的主电源开关，并及时取出夹具上的工件。

2. 忌与机器人保持的安全距离不够

在调试与运行机器人时，它可能会执行一些意外的或不规范的动作。并且，所有的动作都会产生很大的力，从而严重伤害相关人员或损坏机器人工作范围内的任何设备，因此应时刻警惕与机器人保持足够的安全距离。

3. 忌静电放电

ESD（静电放电）是电势不同的两个物体间的静电传导，它可以通过直接接触传导也可以通过感应电场传导。搬运部件或部件容器时，对于未接地的焊机，人员可能会被传递大量的静电荷。这一放电过程可能会损坏敏感的电子设备。因此，在有此标识的情况下，要做好静电放电防护。

4. 忌随意按下急停按钮

紧急停止优先于任何其他机器人控制操作，它会断开机器人电动机的驱动电源，停止所有运转部件，并切断由机器人系统控制存在潜在危险的功能部件的电源。出现下列情况时请立即按下任意急停按钮。

1）机器人运行时，工作区域内有工作人员。

2）机器人伤害工作人员或损伤了机器设备。

5. 忌灭火措施不当

发生火灾时，在确保全体人员安全撤离后再进行灭火，应先处理受伤人员。当电气设备（例如机器人或控制器）起火时，使用二氧化碳灭火器，切勿使用水或泡沫灭火。

6. 忌工作过程中安全防护不到位

1）如果在保护空间内有工作人员，请手动操作机器人系统。

2）当进入保护空间时，请准备好示教器，以便随时控制机器人。

3）注意旋转或运动的工具，例如切削工具和锯。确保在接近机器人之前，这些工具已经停止运动。

4）注意工件和机器人系统的高温表面，机器人电动机长期运转后温度很高。

5）注意夹具并确保夹好工件。如果夹具打开，工件会脱落并导致人员伤害或设备损坏。夹具非常有力，如果不按照正确方法操作，也会导致人员伤害。

6）机器人停机时，夹具上不应放置其他物品。

7）注意液压、气压系统以及带电部件。即使断电，这些电路上的残余电量也很危险。

7. 忌对示教器防护不到位

1）小心操作。不可摔打、抛掷或重击示教器，这样会导致示教器破损或故障。在不使用该设备时，将其挂至专门存放的支架上，以防意外掉落到地上。

2）示教器的使用和存放应避免被人踩踏电缆。

3）切勿使用锋利的物体（例如螺钉、刀具或笔尖）操作触摸屏，这样可能会使触摸屏受损。因此，应用手指或触摸笔去操作示教器触摸屏。

4）定期清洁触摸屏。灰尘和小颗粒可能会挡住屏幕造成故障。

5）切勿使用溶剂、洗涤剂或擦洗海绵清洁示教器，应使用无纺布蘸少量水或中性清洁剂进行清洁。

6）未连接 USB 设备时务必盖上 USB 端口的保护盖。如果端口暴露到灰尘中，那么它会中断或发生故障。

8. 忌手动模式下的违规操作

1）在手动减速模式下，机器人只能减速操作。只要在安全保护空间之内工作，就应始终以手动速度进行操作。

2）在手动全速模式下，机器人以程序预设速度移动。手动全速模式应仅用于所有人员均处于安全保护空间之外时，而且操作人必须经过特殊训练，熟知潜在的危险。

3）自动模式用于在生产中运行机器人程序。在自动模式操作情况下，常规模式停止（GS）机制、自动模式停止（AS）机制和上级停止（SS）机制都将处于活动状态。操作人员应做到持证上岗或在有证人员的监护下才能开启此模式。

3.3.5　设备维护保养与故障处理

焊接机器人设备的正确使用和维护保养是保证焊接设备具有良好的工作性能和延长使用寿命的重要因素之一。因此，必须加强对设备的维护保养工作。

1. 操作人员基本要求

1）操作人员须熟悉设备的基本结构、原理、性能、主要技术参数，经培训合格取得相应等级证和上岗证后，方可操作设备。

2）严禁酒后、身体状况不佳时操作设备。

3）操作者须注意观察设备运行状况及周边环境，发现异常应立即停止设备运转，先自行排除处理，无法自行排除设备异常时应及时通知维修人员。

4）设备运行中不得从事与本设备无关的其他工作，应做到机转人在、人走机停（有一人多机操作规定的除外）。

5）做到"三好四会"（三好：管好、用好、保养好；四会：会使用、会保养、会检查、会排除简单故障），认真执行维护保养规定，做好清扫、紧固、润滑等工作，保持设备完好。

6）如果停机超过 1 个月，每周必须启动设备空运行 4h 以上。

7）禁止在设备上放置杂物（劳保用品、工具等）。

2. 操作人员注意事项

1）焊接前应检查并确保机器人焊接的工件要装夹校正好，装卸工件时，机械手应回到安全位置。

2）根据产品选择合适的焊接程序，新编程序应空运行无误后再试焊，并全程监控试焊，试焊正常后方可自动焊接，并备份程序。

3）机器人驱动接通后，禁止在机械手下、机器人与其他设备间的狭小空间内走动，随时按示教器急停开关，以防碰撞。

4）手动操作时，应注意观察机器人运行状况，自动运行时，要特别注意机器人行进区域内严禁进行任何干扰设备运行的作业，以防碰撞发生（有封闭操作间的，机器人运行期间应关闭安全门，禁止他人入内）。

5）操作工装可旋转部分时，工装部分和区间内严禁有人和其他物品（若有变位机，应夹紧工件方可旋转运动，停机时变位机轴应停至安全、水平位置）。

6）示教器应摆放至存放架内，示教器要轻拿轻放，显示屏、各按键开关保持清洁，严禁示教器电缆受拉、受压。

7）焊接作业时，及时清理焊枪内部焊渣，以保证焊接质量，每周清理送丝软管、送丝轮等部位；更换焊丝后，应将焊丝压在主送丝轮导丝槽内，以保证送丝顺畅。

8）装配焊枪、集成电缆接头时，装正后应使用专用扳手拧紧，同时注意安装 O 型密封圈，防止接头处漏水、漏气。

9）关注机器人运行状况和各类报警，发生异常时应立即按下急停按钮，并保护好屏幕报警内容，通知维修人员。

10）若工装夹具采用气动驱动锁紧方式，应经常检查气管及接头。

11）在焊接台位上进行打磨时，应将机械手回到安全位置。

12）如配备除尘设施的，在焊接时不得私自停用除尘设施。

3. 焊接机器人维护和保养

焊接机器人维护和保养要点见表 3-8。

表 3-8 焊接机器人维护保养要点

序号	项目	维护保养内容	图示	周期	维护保养人员
1	整理清洁	用棉纱沾水或清洁剂擦试设备及其配套电器柜、电源柜、焊机、水冷机、变位机、工装等所有外表及死角、沟缝，要求内外清洁、无锈蚀、无黄袍		每日	操作者
		整理示教器电缆，避免电缆打结		每日	操作者

（续）

序号	项目	维护保养内容	图示	周期	维护保养人员
1	整理清洁	经常清理焊枪、导电嘴，使之保持清洁	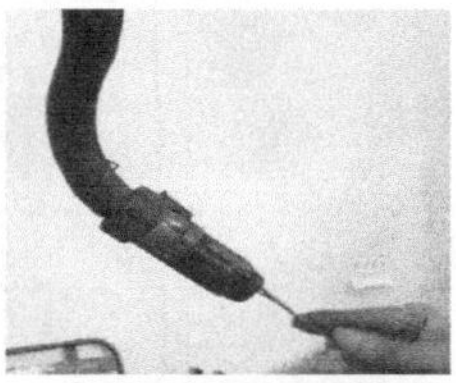	每日	操作者
		清洁送丝软管，以保证送丝顺畅		每日	操作者
		清洁管道、滤芯、集尘桶		每月	操作者维修人员
		清洁水过滤器，保证水流通畅	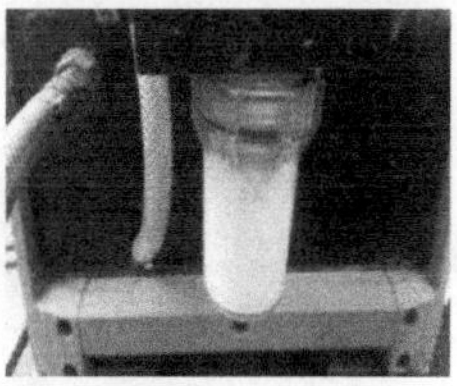	每月	操作者维修人员
2	检查调整	检查水冷系统的水流量值		每日	操作者
		检查调整送丝轮压力和间隙		每日	操作者
		检查并紧固焊枪、焊枪电缆接头		每日	操作者

（续）

序号	项目	维护保养内容	图示	周期	维护保养人员
2	检查调整	检查焊机的正负极接头是否紧固		每日	操作者
		检查压缩空气压力不低于 0.4MPa		每日	操作者
		检查稳压柜三相输出电压值是否正常	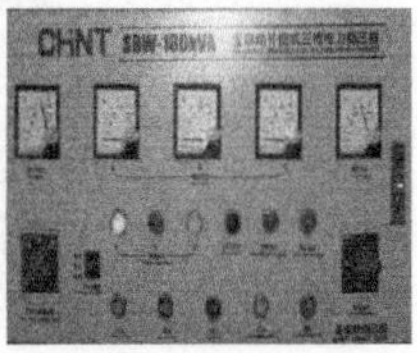	每日	操作者
		检查保护气体流量是否合格，气管连接是否完好		每日	操作者
		检查冷却水箱的水位，根据水位情况确定是否加水	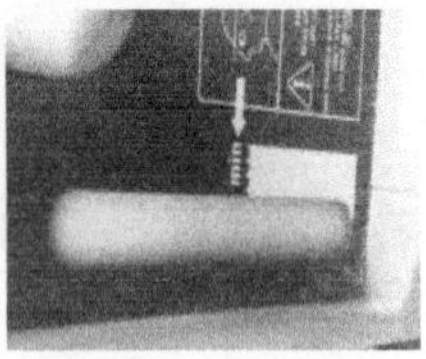	每日	操作者
3	润滑	根据机器人润滑图表对机器人各润滑点进行清洁并加油		每日	操作者

4. 焊接机器人典型故障与维修

焊接机器人典型故障与维修，见表3-9。

表 3-9　焊接机器人典型故障与维修

序号	故障现象	产生原因	维修方法
1	机器人内部轴和外部轴 1 个或多个轴零位丢失	1. 蓄电池容量不足 2. 接近开关损坏 3. 编码器损坏	1. 更换蓄电池后内部轴采取自动校正零点，外部轴采取插销校零 2. 更换接近开关后内部轴采取自动校正零点，外部轴采取插销校零 3. 更换编码器后内部轴采取自动校正零点，外部轴采取插销校零
2	气孔	1. 焊缝未清理干净 2. 气体流量过小或过大 3. 焊接时焊缝跟踪的摆宽幅度过宽 4. 气体不纯	1. 清理焊缝 2. 调节气体流量 3. 调整摆宽幅值 4. 采用高纯度的气体
3	焊接过程中电弧故障	1. 送丝不顺畅，阻力过大 2. 焊接回路中断 3. 电弧检测装置故障 4. 焊接参数设置错误	1. 检查导电嘴、送丝软管的堵塞情况和传动装置内轴承、齿轮运转情况，如有堵塞和损坏则进行更换 2. 更换焊枪电缆总成，并加注适量导电油 3. 更换电弧检测装置 4. 重新设置焊接参数
4	焊接过程中水故障报警	1. 水路堵塞 2. 水流量监测中断 3. 水泵电动机损坏	1. 清洁水路和过滤网 2. 更换水流量检测装置 3. 更换水泵电动机

3.3.6　伏能士弧焊机器人操作系统

伏能士 TPS/i CMT 机器人焊接系统（见图 3-37），从基本工作原理进行重新设计，在焊接性能、人机交互界面以及操作方面进行了大幅优化。归功于伏能士 TPS/i 和焊接包的模块化设计，可以快速创建量身定制的解决方案，使焊接铝材应用变得更为容易。

图 3-37　伏能士 TPS/i CMT 机器人焊接系统

它配有两个完美同步的送丝机，用于确保极精准的送丝操作。这是实现高过程稳定性的前提条件，特别是当送丝距离较长、填充铝合金焊丝时，有着非常稳定的送丝能力。

世界上体积最小的 CMT 电动机，可以使焊丝以高达 170Hz 的频率进行往返（换向）运动，促使熔滴分离，在稳定的低电流情况下，焊丝以可控方式过渡。这样一来，在铝合金焊接过程中几乎不产生飞溅，产生超稳电弧。并且热输入量减少 33%，避免了铝合金工件在焊接中因热量而产生的形变,并将焊接速度几乎提高到传统短路过渡电弧的两倍,极大地提高了焊接效率。

采用伏能士 CMT 工艺焊接铝材,可焊接轻质(≤ 1mm)铝板。由于伏能士 CMT 焊接工艺所需的热输入低,因此无需焊槽支架,且焊缝不会脱落。伏能士独有的 CMT 工艺,在铝合金焊接的应用中,确保实现极其稳定快速的焊接,精准控制热输入;可以达到更高的焊接速度、更低的热输入、更出色的熔深和最佳焊缝外观。

3.4 搅拌摩擦焊设备操作与禁忌

3.4.1 搅拌摩擦焊基本原理

搅拌摩擦焊的焊接过程是利用一个非消耗的、圆柱体状的高速旋转搅拌头(Welding pin)在压力作用下,插入工件的接缝处,与焊接工件材料摩擦,使该处材料温度升高软化,并在搅拌头的搅拌作用下发生强烈塑性和混合作用,形成一个整体。随着搅拌头沿工件的接缝移动而形成焊缝,如图 3-38 所示。

搅拌头的肩部与工件表面摩擦生热,并用于防止塑性状态材料的溢出,同时可以起到清除表面氧化膜的作用。接缝两边材料的摩擦、塑性变形和混合作用,使其成为一个整体,从而完成焊接。

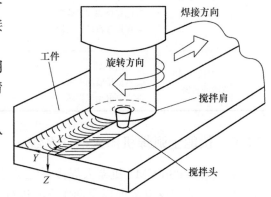

图 3-38　搅拌摩擦焊原理图

3.4.2 搅拌摩擦焊设备结构特点

焊接过程中不需要其他焊接消耗材料,如焊条、焊丝、焊剂及保护气体等,唯一消耗是搅拌头。

同时,由于搅拌摩擦焊接时的温度相对熔化焊较低,因此焊接后结构的残余应力或变形也较熔化焊小得多。特别是铝合金薄板熔化焊时,结构的变形是非常明显的,无论是采用前沿焊接技术还是焊后冷、热矫形技术,不仅很难控制焊接变形,而且增加了结构的制造成本。

搅拌摩擦焊主要是用在熔化温度较低的有色金属,如 Al、Cu 等合金,这与搅拌头的材质及搅拌头的工作寿命有关。当然,这也与有色金属熔化焊接相对困难有关,迫使人们在有色金属焊接时寻找非熔化的焊接方法。对于延展性好、容易发生塑性变形的黑色金属,经辅助加热或利用其超塑性,也有可能实现搅拌摩擦焊,但重点应取决于熔化焊和搅拌摩擦焊的经济性。

搅拌摩擦焊在有色金属的连接中已取得成功的应用,但由于焊接方法及特点的限制,仅限于结构简单的构件,如平直的结构或圆筒形结构的焊接,而且在焊接过程中工件要有良好的支撑或衬垫。原则上,搅拌摩擦焊可进行多种位置焊接,如平焊、立焊、仰焊;可完成多种形式的焊接接头,如对接、角接和搭接接头,甚至厚度变化的结构和多层材料的连接,也可进行异种金属材料的焊接。

另外，搅拌摩擦焊作为一种固相焊接方法，焊接前及焊接过程中对环境的污染小。焊前工件无需严格的表面清理，焊接过程中的摩擦和搅拌可以去除工件表面的氧化膜，焊接过程中也无烟尘和飞溅，同时噪声低。由于搅拌摩擦焊仅是靠搅拌头旋转并移动来逐步实现整条焊缝焊接的，所以比熔化焊甚至常规摩擦焊更节省能源。

由于搅拌摩擦焊过程中接头部位不存在金属的熔化，是一种固态焊接过程，在合金中保持母材的冶金性能，因此可以焊接金属基复合材料、快速凝固材料等采用熔化焊会有不良反应的材料。其主要优点如下：

1）焊接接头热影响区显微组织变化小，残余应力低，工件不易变形。

2）能一次完成焊缝较长、截面较大、位置不同的焊缝焊接，接头强度高。

3）操作过程方便，易于实现机械化、自动化焊接，设备简单，能耗低，功效高，对作业环境要求低。

4）无需填加焊丝，焊接铝合金时，焊前不需要去除氧化膜，不需要保护气体，制造成本低。

5）可焊接热裂纹敏感性高的材料，适合异种材料的焊接。

6）焊接过程安全，无污染、无烟尘、无辐射等危害。

3.4.3　搅拌摩擦焊设备组成

1）搅拌摩擦焊设备的部件很多，从设备功能结构上将搅拌摩擦焊机分为搅拌头、机械转动系统、行走系统、控制系统、工件夹紧机构和刚性机架等，如图 3-39 所示。

2）搅拌头是搅拌摩擦焊技术的关键，它决定了被焊材料的种类和厚度。搅拌头包括轴肩和搅拌针两部分，一般采用工具钢制成，需要耐磨并具有较高的熔点，如图 3-40 所示。

图 3-39　搅拌摩擦焊设备

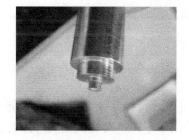

图 3-40　搅拌头

3.4.4　典型搅拌摩擦焊设备技术参数

典型搅拌摩擦焊设备技术参数见表 3-10。

表 3-10   典型搅拌摩擦焊设备技术参数

设备种类	被焊材料	工件厚度/mm	焊缝形式	焊接速度/(mm/min)	最大工件尺寸/mm	控制方式
C 型搅拌摩擦焊设备	铝合金镁合金	10 ~ 25	纵向焊缝、T 形焊缝、环形焊缝	300 ~ 800	400 × 630 × 800	伺服
悬臂式搅拌摩擦焊设备（DB 系列）	铝合金镁合金	1 ~ 20	纵向焊缝、T 形焊缝、环形焊缝	300 ~ 500	直径不超过 2200长度不超过 1500	3 轴数控
龙门式搅拌摩擦焊设备（LM 系列）	铝合金镁合金	1 ~ 20	纵向焊缝、T 形焊缝、环形焊缝	300 ~ 800	800 × 6001200 × 18001500 × 1000	4 轴 3 联动数控
动龙门式搅拌摩擦焊设备（赛福斯特）	铝合金镁合金	1 ~ 10	纵向、横向焊缝、T 形焊缝	300 ~ 900	60000 × 1500	4 轴 3 联动

1. 国内典型搅拌摩擦焊设备

目前，国内开发的典型搅拌摩擦焊设备主要分为 C 型、悬臂式和龙门式 3 个系列。

（1）C 型搅拌摩擦焊设备（CX 系列）　该系列设备主要用于铝合金筒形结构件的焊接，设备具有强大的诊断与自诊断功能，采用伺服控制系统，成功解决了筒形件搅拌摩擦焊接问题，拉开了中国搅拌摩擦焊技术正式应用于环缝焊接领域的序幕。C 型搅拌摩擦焊设备如图 3-41 所示。

（2）悬臂式搅拌摩擦焊设备（DB 系列）　该系列搅拌摩擦焊设备是国内科研机构针对较大平板试验件搅拌摩擦焊接头科研需求而设计制造的中型搅拌摩擦焊设备，针对客户需求可增加闭环控制技术。悬臂式搅拌摩擦焊设备如图 3-42 所示。

图 3-41   C 型搅拌摩擦焊设备

图 3-42   悬臂式搅拌摩擦焊设备

（3）龙门式搅拌摩擦焊设备（LM 系列）　该系列搅拌摩擦焊设备是针对轨道交通行业客户开发的用于车钩座面板及侧墙焊接的搅拌摩擦焊设备，单道焊接厚度可达到 25mm。针对工业批量生产的需要，配备自动化的液压夹具，可显著提高生产效率。龙门式搅拌摩擦焊设备如图 3-43 所示。

（4）动龙门式搅拌摩擦焊设备（赛福斯特）　该搅拌摩擦焊设备为动龙门双工位搅拌摩擦焊装备，设备总长 55m，跨距 5.45m，焊接行程 50m，可实现 2 ~ 12mm 厚铝合金材料及 21000mm × 3000mm 超大规格零部件的焊接，目前主要用于轨道交通行业大型板材的焊接，并可配备自动化的液压夹紧工装系统，生产效率高。动龙门式搅拌摩擦焊设备如图 3-44 所示。

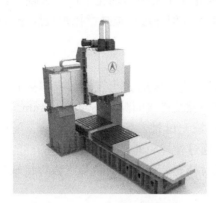

图 3-43　龙门式搅拌摩擦焊设备

图 3-44　龙门式搅拌摩擦焊设备

2. 国外典型搅拌摩擦焊设备

ESAB、CEMCOR、CENERAL、TOOL CO、HTTACHI、LTD 等国外多家公司已经过英国焊接研究所授权，并可制造多种搅拌摩擦焊设备。在此仅介绍 FW20、FW21、FW22 等三种系列的搅拌摩擦焊设备。

（1）FW20 系列搅拌摩擦焊设备　FW20 搅拌摩擦焊设备主要用来焊接铝合金薄板。英国焊接研究所改进了现有设备，使搅拌头的旋转速度可达到 15000r/min，这一系列设备的焊接特点就是搅拌头旋转速度高，可焊接铝合金板材厚度为 1.2 ~ 12mm，焊接速度可达 2600mm/min。

（2）FW21 系列搅拌摩擦焊设备　移动门式搅拌摩擦焊设备 FW21 于 1955 年诞生，如图 3-45 所示。该系列设备使用一台移动龙门起重机，可以焊接长达 2m 的焊缝，并保证在整个焊缝长度内，焊接质量都均匀良好。可焊接铝合金板材厚度为 3 ~ 15mm，最大焊接速度可达到 1000mm/min，可焊接最大板材尺寸为 2m×1.2m。

（3）FW22 系列搅拌摩擦焊设备　国外较好的搅拌摩擦焊设备为 FW22，如图 3-46 所示。该设备可以用来焊接大尺寸板材件，且很容易焊接尺寸非常大的铝合金板材件，其焊接参数如下：可焊接铝合金板材厚度为 3 ~ 15mm，焊接速度可达 1000 ~ 1200mm/min，板材最大尺寸为 3.4m×4m，工作空间最高或者环形工件最大直径为 1.15m。

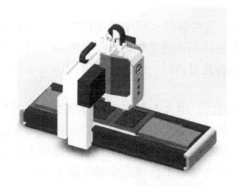

图 3-45　FW21 系列搅拌摩擦焊设备

图 3-46　FW22 系列搅拌摩擦焊设备

3.4.5 典型搅拌摩擦焊设备操作禁忌

搅拌摩擦焊主要是通过设备操作实现焊接，因此便于实现自动化生产，大幅降低焊接作业员工的劳动强度，目前在各焊接领域应用日益广泛。但在进行搅拌摩擦焊接操作过程中，同样也存在着较多禁忌问题。

1. 忌工件装配间隙过大

搅拌摩擦焊时，对工件的装配间隙要求较高，装配间隙的大小直接影响焊接质量。一般来说，搅拌摩擦焊时，要求装配间隙（包括对接间隙及搭接间隙）不超过 0.5mm。

装配间隙过大时，搅拌摩擦焊过程中无法及时填充母材，导致出现未填满、隧道或熔深不足等焊接缺欠。尽管搅拌摩擦焊温度不高，但通过搅拌头的高速旋转产生的热能，使母材达到塑性变形，导致母材流动性较大，当无法及时补充装配间隙时，易产生焊接缺欠。

2. 忌工件板厚差过大

搅拌摩擦焊时，板厚差是影响焊接质量的重要因素之一，如果装配时，工件之间存在板厚差问题，则在焊接时将首先影响焊接参数的输入，板厚较大的一侧会存在较大飞边量。因此，若想获得高质量、稳定性好的焊缝，对于不采用其他措施直接进行搅拌摩擦焊的工件，板厚差不得超过 0.2mm。

在实际工程应用中，解决板厚差问题的方案一般有三种，即控制原材料、改变搅拌头倾斜角和焊前机械加工去除板厚差，采用何种方案，需要根据具体情况进行具体分析。

3. 忌焊接工装刚性固定过小

搅拌摩擦焊的工件，需要通过刚性固定夹紧后进行焊接，确保焊缝与工装面贴紧，否则焊接时随着焊接热量的增大，会导致焊接变形增加、焊接压力传感不敏感，焊接过程中焊接参数变化大，易产生焊接缺欠。因此，工件焊接时的固定尤为重要，一般在进行小工件焊接时，通常会对工件四周的各个位置使用压臂进行固定，确保焊接过程中工件不会移动。

搅拌摩擦焊接热输入小，但薄板工件焊接时，随着热量增加，焊接过程中装夹不牢固，焊接产生的波浪变形将对焊接质量产生极大的影响，如产生焊缝表面压痕、熔深不足、隧道缺欠等。

4. 忌焊接参数过大或过小

搅拌摩擦焊焊接参数是影响接头性能的最重要因素之一，搅拌摩擦焊过程中，在搅拌头确定的情况下，影响接头性能的焊接参数主要包括焊接转速、焊接速度、焊接压力及搅拌头倾角等。

（1）焊接转速　焊接转速即搅拌头旋转速度，它对焊接过程中产生的摩擦热具有重要影响，当焊接转速过低时，产生的摩擦热不够，不足以形成热塑性流动层，其结果是不能实现固相连接，在焊缝中易形成孔洞等缺欠。当焊接转速过高时，会使搅拌针周围及轴肩下面材料的温度过高，形成其他的焊接缺欠。

（2）焊接速度　焊接转速的选择受焊接速度制约，铝合金材料的搅拌摩擦焊，对焊接速度是有一定要求的。若焊接速度过快，则一方面焊接参数不合理，使搅拌摩擦焊接头成形不良，容易形成焊接缺欠，造成质量隐患；另一方面，焊接速度过快对设备和操作人员要求更高，增加生产成本。焊接速度过慢，一方面也会因焊接参数不合理产生焊接缺欠；另一方面，从工程实用角度出发，焊接速度过慢会导致生产效率不高。

（3）焊接压力　搅拌摩擦焊焊接压力主要依靠搅拌针及轴肩形成，其焊接压力的大小直接影响焊接过程中焊缝的质量。如果压力增大，可增加热输入量，提高焊缝组织的致密性，但由于摩擦力增大时，搅拌头向前移动的阻力也会增大，且压力过大易使焊缝凹陷，焊缝表面易出现飞边、毛刺；而当压力过小时，焊缝组织疏松，焊缝内部出现孔洞，甚至轴肩对焊接区起不到封闭作用而出现焊缝金属外溢。

5. 忌搅拌头对中偏移量过大

1）搅拌头对中偏移量即搅拌针对准焊缝中心的偏移量，焊接时，要求搅拌针对准焊缝中心位置，若出现偏移，将造成严重的质量问题，影响焊缝强度。

2）搅拌头的偏移量容许限制与搅拌针的直径直接相关，而搅拌针直径一般与被焊工件厚度密切相关，也可以认为搅拌头偏移量与工件厚度有关。因此，若想获得高质量且稳定性好的焊接接头，一般要求搅拌头的对中偏移量在 0.6mm 以内。

3.4.6　设备维护保养与故障处理

搅拌摩擦焊设备的正确使用和维护保养是保证焊接设备具有良好的工作性能和延长使用寿命的重要因素之一。因此，必须加强对设备的维护保养工作。

1. 操作人员基本要求

1）操作者应经培训合格取得相应等级证和上岗证，熟悉设备操作系统、编程和基本结构、原理、性能、主要技术参数，方可操作设备。

2）操作者必须正确穿戴防护用品，长发应盘入帽内，备齐相应作业用工（夹）具、工装、刀具，禁止带手套操作设备按钮（键）、手柄（轮）、开关、旋钮等。

3）必须做到机转人在、人走机停，设备运转时严禁做与加工作业无关的事。操作设备时应随时观察设备运行、周围及产品状况，发现异常应立即停止设备运转，先自行排除处理，无法自行排除设备异常时应及时通知维修人员。

4）严禁酒后、服用（注射）兴奋类或镇静类药物后、身体状况不佳时操作本设备。

5）禁止在设备上重力敲击、修焊工件等破坏设备精度行为，禁止在设备防护罩上踩踏或放置物件。

6）禁止自行用 U 盘等移动存储介质导入，导出操作系统中的文件和程序。

2. 操作人员注意事项

1）严禁超负荷和超范围使用本焊接设备。

2）各坐标运动在接近行程极限时请转换成"低速"运动，避免高速运动时，碰撞行程开关后电动机制动产生的冲击。

3）设备的操作和维修必须遵守有关机械电气设备的安全规程和操作规程，要求必须遵守以下安全守则：①每天检查所有连接电缆、插件，检查电气部分是否有损坏情况，如发现有损坏情况立即关断机器的总电源并报修。②开机前检查所有安全保护装置的功能，如急停开关等。③在焊机动作之前，应该观察工作范围内有无相关人员和障碍物。

4）安装或卸下搅拌针均应在停车状态下进行；工件和搅拌针必须装夹牢固。

5）焊接时禁止穿宽松式外衣、佩戴不宜操作的饰物；严禁戴手套接近主轴并装夹工件，以免被旋转夹具缠绕而对人身安全造成危害。

6）从焊机上卸下工件时，应使刀具及主轴停止运动。严禁用手触摸加工中的工件或转动的主轴。

7）焊机的各种按钮只能由一人独立操作，不允许两名以上操作者同时操作焊机。

8）在焊接过程中，应保证龙门大车轨道附近没有障碍物，盘好手操盒电缆并将手操盒置于安全处。

9）操作人员必须清楚地知道操作时机器的急停方式，绝对不允许机器在有危险和故障的状态下运行。

10）工具及其他物品均不应放在主轴箱、防护罩上或相类似的位置上。

11）机器在施焊过程中发生异常应按急停按钮，并及时通知维修人员。

12）焊接过程中和焊接结束后，搅拌头和附近区域可能温度较高，因此严禁用手及身体的其他部位直接接触搅拌头及其附近零部件。

13）焊机的施焊工作区严禁对工装同时操作。

14）工装的操作必须由专人负责，并与机器的操作人员配合完成，操作工装的伸缩部位时，工装伸缩部位和区间内严禁有人和其他物品。

15）操作者必须做到机转人在、人走机停，非操作人员不得乱动设备的任何按钮和装置，操作者有责任阻止任何人进入机器工作区、行进区和危险区。

3. 搅拌摩擦焊设备维护与保养

搅拌摩擦焊设备维护与保养要点，见表3-11。

表3-11 搅拌摩擦焊设备维护与保养要点

序号	项目	维护保养内容	图示	周期	维修保养人员
1	整理清洁	对主轴表面清扫，保证设备无积灰、无油渍		每日	操作者
		清洁、擦洗设备外表面，达到外清洁，无黄袍、锈蚀，见本色。电气柜外表面无积灰		每周	操作者
		保证拖链清洁，避免损伤电缆		每周	操作者
		对防护罩清扫，保证防护罩周围无积灰、无油渍		每周	操作者

（续）

序号	项目	维护保养内容	图示	周期	维修保养人员
2	检查调整	检查压缩空气压力、油量，水杯排水		每日	操作者
		检查空调是否正常开启，无漏水现象	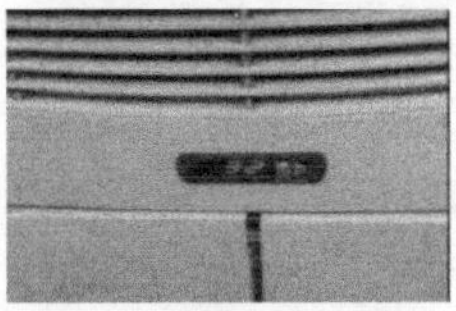	每日	操作者
		检查手操盘接头是否有松动，使用完后将其悬挂在专用位置，以延长使用寿命	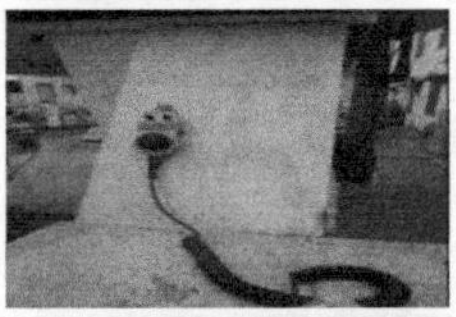	每日	操作者
		检查液压油箱液位，不得低于最低位，并清洁液压站表面		每日	操作者
		检查摄像头线缆是否有损坏，成像是否清晰可靠	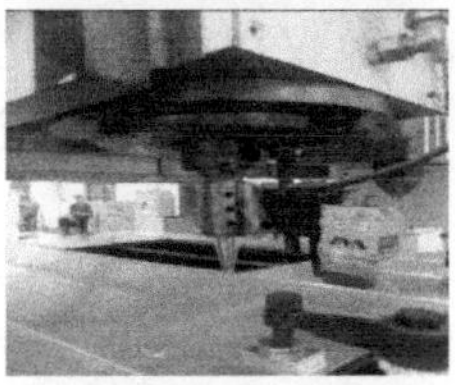	每日	操作者
		检查稳压柜三相输出电压值	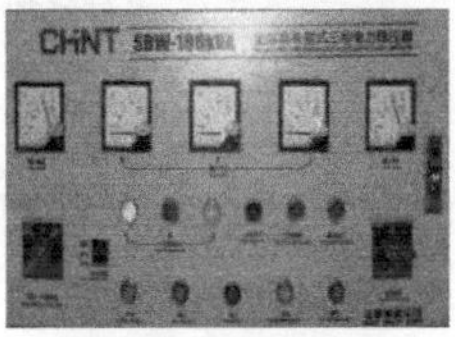 正常值：（372～390V）	每日	操作者
3	润滑	检查各润滑油箱油位，不得低于最低位，并清洁中心润滑站表面		每日	操作者

4. 搅拌摩擦焊设备典型故障与维修

搅拌摩擦焊设备典型故障与维修见表3-12。

表 3-12　搅拌摩擦焊设备典型故障与维修

序号	故障现象	产生原因	维修方法
1	机床液压系统异响	1. 液压系统混入空气 2. 油泵损坏 3. 过滤网堵塞	1. 排除液压系统的空气 2. 更换损坏的油泵 3. 清洗堵塞的过滤网
2	监控画面不清晰	1. 摄像头损坏 2. 传输线路不稳定 3. 外界干扰	1. 更换摄像头 2. 检查 24V 电源和接头线路是否断线虚接 3. 检查屏蔽线和回线是否完整可靠
3	焊接过程中走偏	1. 激光跟踪头镜片、激光头老化，聚焦差 2. 传输线路不稳定	1. 清洗镜片，调整激光头位置 2. 检查线路是否断线虚接，屏蔽回线是否可靠 3. 更换激光头
4	A 轴焊接过程中发生位置变化	1. 电动机刹不住车 2. 液压刹不住车	1. 检查电动机刹车电源线路是否虚接、断线和控制接触器的好坏 2. 检查液压有无输出压力，压力大小和刹车液压缸行程是否合适

3.5　激光焊设备操作与禁忌

3.5.1　激光焊设备组成

激光焊设备种类多，本章节仅以手持式光纤激光焊设备为例进行介绍。手持式激光焊设备主要由连续光纤激光器、手持式激光焊接头、水冷器及传输光纤等几大部分组成，设备结构如图 3-47 所示。

手持式激光焊焊枪结构如图 3-48 所示。

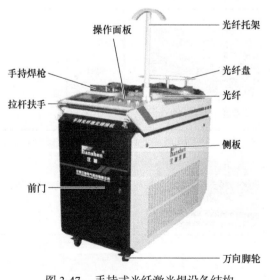

图 3-47　手持式光纤激光焊设备结构

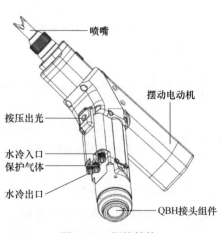

图 3-48　焊枪结构

3.5.2　激光焊设备结构特点

1）内部设计灵巧，良好的交互控制系统扩大了加工部件公差范围及焊缝宽度，解决了光斑细小的缺点，焊缝成形更好。

2）造型轻便，焊接头采用人机工程学设计方法，握感舒适；一只手便可轻松掌控，操作简单。

3）具有多个安全警报，移开工件后自动锁光，安全性高。

4）焊缝美观，速度快，无耗材，无焊痕，无变色，无需后期打磨。

5）焊接头可配置多种角度喷嘴，满足不同产品焊接需求。

3.5.3　典型激光焊设备技术参数

典型激光焊设备技术参数见表 3-13。

表 3-13　典型激光焊设备技术参数

型号	HLW-F1000	HLW-F1500	HLW-F2000
激光器类型	连续光纤激光器		
额定输出功率 /W	1000	1500	2000
功率调节范围（%）	10 ～ 100		
激光中心波长 /nm	1080 ± 3		
输出方式	连续 / 调制		
最大调制频率 /kHz	50		
功率不稳定性（%）	<3		
光纤输出接口	QBH		
指示系统	红光		
光纤纤芯 /μm	50		
光纤长度 /mm	15		
焊枪电缆长度 /m	5		
焊枪类型	左右摆动振镜焊接头		
准直焦距 /mm	50		
聚焦焦距 /mm	80/120		
焊枪重量 /kg	1.36		
保护气方式	同轴保护		
焊缝宽度可调范围 /mm	0 ～ 5		
水流量 /L·min^{-1}	> 12	> 15	> 25
产品结构	一体式		分体式
产品尺寸（$L×D×H$）/mm	1200 × 600 × 1300		1200 × 600 × 1300 680 × 590 × 1140
产品重量 /kg	120		150
工作环境温度 /℃	0 ～ 40		
工作环境湿度（%）	<70		
工作电压 /V	单相 AC：220		三相五线 AC：380 单相 AC：220
整机功率 /kW	< 5	< 7	< 9.5

3.5.4 典型手持式光纤激光焊设备操作禁忌

1. 设备启动步骤

1）将气瓶与机器保护气体接口连接。保护气推荐纯氩纯度为99.99%，气体流量大于15L/min。首先检查焊接专用气瓶上的铭牌，确认是否符合使用气体的要求，如纯度和压力等要求。其次用正确的方法将气瓶的气体引入到气体入口。

2）将电源线正确连接。单相交流220V 50Hz，HLW-F200电源输入线需要接三相五线交流电。应保证回线、相线按线标正确连接、回线连接良好,回线接触不良会对设备造成损坏。

3）打开主电源开关（见图3-49），电源指示灯及触摸屏亮起。

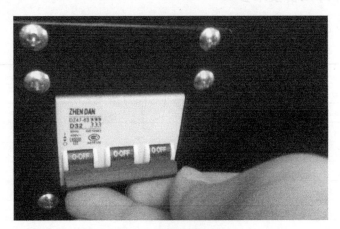

图 3-49 主电源开关

4）打开水冷机电源，设定水温，水冷机开始工作，如图3-50所示。

图 3-50 水冷机电源

5）将激光器钥匙开关打开到 ON（创鑫牌），如图3-51所示。检查激光器其他开关。将激光器钥匙开关打开到 REM（锐科牌）。

图 3-51　开关打开到 ON

6）按动上控制面板的启动键，激光器通电（创鑫牌），如图 3-52 所示。按下上控制面板的启动键，激光器通电（锐科牌）。

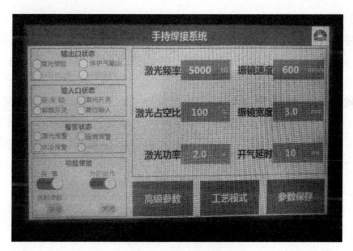

图 3-52　激光器通电

7）等待 30s 后，激光器 ALRAM 键闪过绿灯，按动 START 按钮，激光启动（创鑫牌），如图 3-53 所示。等待 30s 后，准备就绪，直接开始使用（锐科牌）。

图 3-53　START 按钮

8）ALARM 灯绿灯亮起（创鑫牌，见图 3-54），设备准备就绪。无需此步骤（锐科牌）。

图 3-54　ALARM 灯绿灯亮

9）将回路黄绿线与工件连接。

10）准备好保护气体（一般采用纯氩），调整好气体流量后，连接至设备背面保护气插口。

11）在触摸屏上设定激光功率为小功率，将焊接头铜嘴触靠在工件上，按焊枪开关，即可出光焊接。

12）设定焊接参数。激光频率 5000Hz，振镜速度 300 ～ 600mm/s，开气延时尽量＞ 100s，占空比 100 为连续出光，焊缝宽度根据工件拼缝情况调节，功率为 0 ～ 10W 可调，即设备功率的 0 ～ 100% 可调。所有数据写好后点 OK，再点保存参数，方可设定有效。

2. 设备关机步骤

1）按动激光器面板 START 键，将钥匙扭到 OFF，激光器停止。

2）按动上面板停止键，激光器断电。

3）关闭水冷机电源。

4）关闭设备总电源开关。

5）关闭气体。

6）收起焊枪、回线。

3. 使用禁忌

1）忌电源接线不准确、不接地，造成机壳带电产生触电风险，避免设备器件损坏。

2）忌操作者未进行必要的防护，特别是未戴好防护眼镜。

3）忌光缆弯曲半径＜ 20cm。

4）忌随意丢弃焊枪。焊枪为精密件，应轻拿轻放，避免摔砸。

5）忌工作区域无必要防护。由于激光能穿透焊缝，对背面可能产生伤害，激光在焊接铜、铝等高反光材料时，具有反射伤害，因此建议对工作区域进行必要隔离。

6）忌水管连接不紧密。使用时必须保证水量充足，水压在 0.4MPa 以上。

7）忌气管折弯半径过小。气管折弯半径应≥ 30mm。

3.5.5　设备维护保养与故障处理

1. 维护保养

手持式光纤激光焊设备维护保养要点见表 3-14。

表 3-14　手持式光纤激光焊设备维护保养要点

序号	维护保养部件	维护保养内容	维护保养周期
1	水路水管和接头	检查是否紧固、有无破损	每月
2	焊枪保护镜片	更换	根据使用实际情况
3	控制线接头	检查是否紧固、有无破损	每月

2. 常见故障处理

1）开机后无法正常出光：激光器未能启动，建议重新按照步骤开机，确保水冷机启动后再启动激光器。

2）水冷机水位报警：水冷机水箱纯净水不够，检查水位线并添加纯净水。

3）焊接时激光功率与设定值偏小：检查焊枪保护镜片是否洁净，及时更换保护镜片。

4）保护镜片损耗严重：检查保护气体流量情况。

复习思考题

1. 钨极氩弧焊与其他焊接方法相比具有哪些优缺点？
2. 目前在熔化极气体保护焊中应用的送丝方式有哪几种？
3. 焊接机器人按基本结构分为哪几种？
4. 搅拌摩擦焊的工作原理是什么？
5. 激光焊使用禁忌有哪些？

第4章

铝合金手工钨极氩弧焊
操作技巧与禁忌

4.1 手工钨极氩弧焊工作原理

使用钨极作为电极，利用氩气作为保护气体进行焊接的方法叫做钨极氩弧焊，简称 TIG 焊。焊接时，氩气从焊枪喷嘴中持续喷出形成的氩气流，在焊接区形成厚而密的气体保护层从而隔绝空气，同时，钨极与工件之间燃烧产生的电弧热量使被焊处熔化，并填充（或不填充）焊丝将被焊金属连接在一起，获得牢固的焊接接头，如图 4-1 所示。

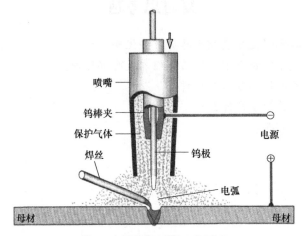

图 4-1　钨极氩弧焊工作原理

4.2 铝合金手工钨极氩弧焊工艺

4.2.1 焊接环境

手工钨极氩弧焊受周围气流影响较大，不适宜在室外和有风处进行操作，为此在焊接作业前应关闭操作台位附近的通道门。在焊接过程中，如果有人打开台位附近的大门，则要立即停止施焊。作业区要求环境温度在 5℃ 以上，在产品施焊前应清理焊接区域 3m 范围内的可燃物，避免因焊接飞溅引起火灾。

4.2.2　焊接装配

1. 装配间隙和错边

装配质量的好坏是保证焊接质量的重要环节。装配间隙和错边不当时，易产生烧穿、焊缝成形不良和未焊透等缺欠。手工 TIG 焊时装配间隙和错边的要求见表 4-1。角焊缝装配间隙应尽可能小，对接焊缝装配间隙可用塞尺进行检查，一般前窄后宽。

表 4-1　手工 TIG 焊允许的装配间隙和错边尺寸

序号	板厚 /mm	名称	图示	间隙 /mm	允许局部错边尺寸 /mm
1	$3 \sim 6$	有焊接衬垫的 V 形焊缝		$1.5 \sim 2.6$	$\leqslant 0.5$
2	$1.5 \sim 3$	无焊接衬垫的 I 形焊缝		$0 \sim 0.5$	$\leqslant 0.5$
3	$\geqslant 2$	角焊缝	$t_{最小}$ $C \leqslant 0.1 t_{最小}$	$\leqslant 0.1 t_{最小}$	—

2. 定位焊

为保证工件尺寸、减小变形，防止焊接过程中由于扭曲变形而使待焊处错位，焊前需要定位焊。装配定位焊采用与正式焊接相同的焊接材料和工艺方法。定位焊缝长度 $\leqslant$ 10mm，定位焊时的焊接电流比正式焊接时的焊接电流大 10% ～ 15%，定位焊与正式焊接质量检验标准相同。定位焊时一般采用较细的焊丝。在保证完全焊透和定位连接可靠的前提下，定位焊缝应低平、细长，焊缝不宜过宽、过高。定位焊缝同样要有充分的保护，避免氧化。

4.2.3　工装夹具

TIG 焊多用于薄板焊接，薄板焊接时，多数情况是在板的正面进行焊接，并使背面充分熔透，得到背面成形良好的焊缝。形成合适的背面熔透所对应的焊接条件范围是很窄的。对焊接参数的选择，如果热输入过低，会造成背面未熔透；如果热输入较大，虽然背面可以充分的熔透，但有可能因熔化金属自身重力而造成焊穿，或者是熔化宽度和工件厚度不成比例。为防止焊穿现象的发生，薄板焊接时如果工件具备装夹条件，应考虑利用夹具将正面压紧，背面加上铜垫板或不锈钢垫板，防止因焊接变形造成装配间隙的改变而产生错位或错边，并防止热塌陷。由于工件结构的原因存在各区域散热条件不均匀时，采用夹具改善各区域散热差距也是有效的，其目的就是形成正反面尺寸均匀的焊缝。自制焊接工装夹具示例如图4-2所示。

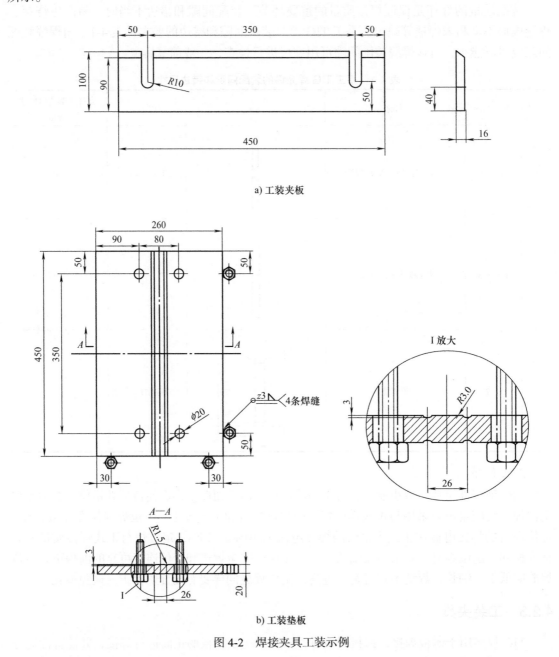

a) 工装夹板

b) 工装垫板

图 4-2　焊接夹具工装示例

4.2.4　焊接参数

手工钨极氩弧焊的焊接参数主要有：焊接电流种类及极性、焊接电流、保护气体流量、钨极直径及端部形状等，正确选择焊接参数，是保证获得优质焊接接头的基本条件之一。

1. 焊接电流种类及大小

1）一般根据工件材料选择焊接电流种类。为了利用阴极破碎作用，使正离子撞击熔池表面的氧化铝薄膜，使焊接正常进行，电流应采用交流或直流正接。但直流正接时，钨极电流承载能力较低，电弧稳定性差，熔池浅而宽，生产率较低。因此，铝及铝合金焊接时一般应选用交流电。

2）焊接电流大小是决定焊缝熔深的主要参数，它主要根据工件材料、厚度、接头形式、焊接位置等因素进行选择，有时还需考虑焊工技术水平（手工焊）。

3）焊接电流是最基本的条件，也是影响焊接质量和生产效率的重要参数之一。焊接电流要合适，过大和过小对焊接质量和生产效率均有较大影响。

4）焊接电流太大时，焊接温度高，熔池下凹，焊缝余高不够，易出现焊缝咬边和背面焊瘤等缺欠；焊接电流过小时，焊缝根部不易焊透，焊缝成形不良，易产生未熔合和气孔，且焊接速度过慢会造成氩气浪费。

5）纯铝及铝镁合金手工钨极氩弧焊对接接头的焊接参数，见表 4-2。

表 4-2　纯铝及铝镁合金手工钨极氩弧焊对接接头的焊接参数

板厚/mm	坡口形式	焊接层数（正面/反面）	钨极直径/mm	焊丝直径/mm	焊接电流/A	氩气流量/（L/min）	喷嘴孔径/mm
1.0	卷边	1/0	1.6～2	1.6	45～60	5～7	8
1.2	I	1/0	1.6～2	1.6	45～60		8
1.5	I	1/0	1.6～2	1.6～2	50～80		8
2.0	I	1/0	2～3	2～2.4	80～110	6～8	8～12
3.0	I	1/0	3	2～3	100～140	8～10	8～12
4.0	I、V	1～2/1	2.5～4	3～4	180～200	8～12	8～12
5.0	V	1～2/1	3～4	3～4	180～240	9～12	10～12
6.0	V	2/1	4	4	180～240		10～12
8.0	V	2～3/1	4～5	4～5	220～300		12～14
10.0	V		4～5	4～5	260～320		12～14
12.0	V	3～4/1～2			280～340	12～15	14～16

2. 钨极直径及端部形状

1）钨极直径根据焊接电流的大小和种类进行选择，见表 4-3。正确选取钨极直径，可最充分地使用限额电流，以提高焊接速度，同时也能满足工艺要求并减少钨极的烧损。钨极直径过小，则钨极易被烧损、使焊缝夹钨；而钨极直径过大，则电弧不稳定且分散（交流焊接时），会出现偏弧现象。钨极直径选择正确，交流焊接时钨极端部会烧成半圆球形，直流焊接时钨极端部会烧成尖状，否则说明钨极直径偏小。

根据经验计算选取钨极直径许用电流的简单方法是：以允许电流 55A/mm 为基数，乘以钨极直径，等于所允许使用电流。例如：如果钨极直径是 5mm，它的允许使用电流是 $55A \times 5 = 275A$；钨极直径是 2mm，它的允许使用电流应是 $55A \times 2 = 110A$。但在计算时还应注意：当钨极直径在 3mm 以下时，要从计算出总的电流中减去 5～10A；而钨极直径 4mm 以上时，要从计算出总的电流中加上 10～15A。

2）手工钨极氩弧焊时，除了正确选择钨极直径外，钨极端部形状也是一个重要工艺参数，根据所用焊接电流种类选用不同的端部形状，如图 4-3 所示 。尖端角度 α 的大小会影响钨极的许用电流、引弧及稳弧性能。钨极端部形状和使用的电流范围见表 4-3。小电流焊接时，选用小直径钨极和小的尖端角度，可使电弧容易引燃和稳定；在大电流焊接时，增大尖端角度，可避免尖端过热熔化，减少损耗，并防止电弧往上扩展而影响阴极斑点的稳定性。手工钨极氩弧焊时，钨极端部形状对焊接质量的影响，见表 4-4。

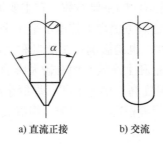

a) 直流正接   b) 交流

图 4-3 钨极端部形状

表 4-3 钨极端部形状和使用的电流范围

序号	钨极直径 /mm	尖端直径 /mm	尖端角度 / (°)	电流 /A	
				恒定直流	脉冲电流
1	1.0	0.125	12	2 ～ 15	2 ～ 25
2	1.0	0.25	20	5 ～ 30	5 ～ 60
3	1.6	0.5	25	8 ～ 50	8 ～ 100
4	1.6	0.8	30	10 ～ 70	10 ～ 140
5	2.4	0.8	35	12 ～ 90	12 ～ 180
6	2.4	1.1	45	15 ～ 150	15 ～ 250
7	3.2	1.1	60	20 ～ 200	20 ～ 300
8	3.2	1.5	90	25 ～ 250	25 ～ 350

表 4-4 钨极端部形状对焊接质量的影响

电极端头形状				
名称	锥面形	圆柱形	球形	锥形
电弧稳定性	稳定	不稳定	不稳定	稳定
焊缝成形	良好	一般、缝宽	焊道不均	焊道均匀

钨极尖端角度对焊缝熔深和熔宽具有一定影响。减小尖端角度，焊缝熔深减小、熔宽增大；反之则熔深增大、熔宽减小。

3. 气体流量和喷嘴直径

1）氩弧焊时氩气的主要作用是保护熔池不受外界空气的影响，并保护钨极免受烧损氧化。氩气的纯度和流量影响着阴极雾化和焊接质量。

2）选取氩气流量的原则是在节省氩气的前提下，能达到良好的保护效果。

3）氩气的流量与喷嘴直径的大小密切相关，它们的关系是成正比的，喷嘴的大小决定氩气流量的大小，而喷嘴直径大小又决定着熔池保护区的范围和阴极雾化区的大小。因此，氩气流量的选择，也是氩弧焊焊接的主要参数之一。

如果氩气流量太小，则从喷嘴喷出来的氩气流的挺度不足，气流轻飘无力，外部的空气很容易冲入氩气保护区，从而减弱氩气保护作用，影响电弧的稳定燃烧，并有氧化膜的生成。焊接过程中可以发现有氧化膜覆盖熔池的现象，焊接过程不能顺利进行，导致焊后焊缝发黑。

如果氩气流量过大，除了浪费氩气和对焊缝冷却过快外，也容易造成"絮流"现象，即把外界空气卷入氩气保护区，破坏氩气保护作用。另外，过强的氩气流量也不利于焊缝成形，会使焊缝质量降低。

4）氩气的流量取决于焊枪结构与尺寸、喷嘴到工件的距离、焊接速度、焊接电流及接头形式等。其中喷嘴直径是首要考虑的因素。任何一定直径的喷嘴，其氩气流量都有一个最佳值，此时保护范围最大，保护效果最好。喷嘴直径增大，氩气流量必须随之增加，否则，有效保护区范围将会缩小，保护效果变差。这是由于保护气流的挺度变差、密度减少，所以排除周围空气的能力减弱，气流被电弧加热所产生的热扰动作用加强；反之，如果喷嘴直径变小，氩气流量不作相应减小，也不会达到最佳保护效果。

5）当喷嘴直径选定后，任意提高氩气流量并无好处。超过某一直径喷嘴的最佳氩气流量值之后，流量继续增加，将使有效保护区直径缩小。另外，由于流量过大，保护气体冲击工件时的反射力量增大，也会扰乱气流而使保护效果下降。氩气流量与焊接速度也有很大的关系。焊接速度提高，氩气柔性保护层所受空气阻力随之增大，向后偏移，对电极和熔池的保护减弱，甚至失去保护。因此，当焊接速度增加时，必须相应增加气体流量，以增强气体保护层对空气阻力作用的抵抗能力。

6）焊接时，一方面由于电弧温度很高，对气流的热扰动作用有破坏气体层气流的倾向；另一方面氩气温度升高后，其黏度增大，对气体层气流又有稳定作用。二者比较，当焊接电流增大时，对前者影响甚于后者。因此，需要相应增加氩气流量，才能保持良好的保护效果。

7）手工钨极氩弧焊时，气体流量和喷嘴直径要有一定匹配，一般喷嘴内径为 5 ～ 20mm，流量为 5 ～ 25L/min。手工钨极氩弧焊时气体流量也可根据经验进行计算，其方法是：喷嘴直径 ×1L/min 即可，如喷嘴直径是 12mm 时，气体流量 =12×1L/min=12L/min。使用大直径喷嘴或保护效果较差的焊缝可适当增加 1 ～ 3L/min。而小直径喷嘴要适当减小 1 ～ 2L/min，以达到挺度基本一致。半自动或自动氩弧焊时，其氩气流量还要大一些。

手工钨极氩弧焊焊接铝及铝合金时，可根据焊缝颜色判断氩气保护效果，见表 4-5。

表 4-5　焊缝颜色与氩气保护效果的关系

焊缝颜色	银白色有光亮	白色无光亮	灰白色	灰黑色
保护效果	最好	较好（氩气流量大）	不好	最差

8）喷嘴直径的选择也很重要。其选择的正确与否对焊接也有一定的影响，因为手工钨极氩弧焊时，雾化区大小在一定范围内是靠喷嘴来控制的，如喷嘴直径过大时，雾化区大，热扩散大，焊缝宽，浪费氩气，且焊接速度也较慢；如喷嘴直径过小时，雾化区小，氩气

保护效果不好，满足不了焊缝的要求，喷嘴也容易烧损，因此要合理选择喷嘴直径。喷嘴直径的大小是根据钨极直径的大小来选取的，在选择喷嘴直径时，可用简单的方法来计算，即：钨极直径 ×2+4= 喷嘴直径，其中 4 是常数；如钨极直径是 3mm 时，合适的喷嘴直径为 3×2+4mm=10mm。

4. 焊接速度

焊接速度的选择主要根据工件厚度决定，并与焊接电流、预热温度等配合以获得满足要求的熔深和熔宽。在焊接材料、焊接条件和焊接电流等参数不变的情况下，焊接速度越小，所焊接的厚度越大；而当焊接材料、焊接条件和焊接电流等参数一定时，一定厚度材料所需的焊接速度只能在一定范围内变化。如果焊接速度过大，就可能造成焊缝未焊透或形成凹陷、烧穿等缺欠。但是，从焊接热输入这一方面来看，随着焊接速度的增大，热输入将会降低，这样可以避免金属过热，减小热影响区，从而减小变形。因此，通常在保证焊缝质量的前提下，尽量提高焊接速度。但是，如果焊接速度过高，又会在钨极氩弧焊时引起一系列问题。

1）保护效果下降。对于一些要求保护效果好且范围大的材料，不宜采用过大的焊接速度，否则会降低气体保护效果，如图 4-4 所示。

2）冷却速度加快。熔池中冶金反应不够充分，易出现冶金缺欠。

3）熔池的结晶速率增加，方向性强。焊缝中的气体和非金属夹杂物不易浮出熔池表面，从而增加了产生气孔、夹渣及裂纹的可能性。

4）焊缝的正反面宽度差增大。焊缝的受力状态不好，并且也容易出现局部未焊透和咬边现象。

5）增加操作难度。易出现操作不当而产生焊接缺欠。

综合上述原因，在钨极氩弧焊中采用较低的焊接速度更有利于保证焊接质量。

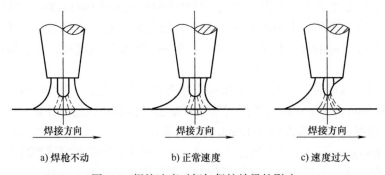

图 4-4　焊接速度对氩气保护效果的影响

5. 喷嘴到工件的距离

喷嘴到工件的距离越短，保护效果越好。当距离过大时，保护气流易受外界条件的扰动而使空气卷入量增加，造成保护效果变差。当距离超过一定数值后，由于空气的大量卷入会使氩气起不到保护作用。不过，距离也不能过小，否则会影响焊工视线，且容易使钨极与熔池接触，产生夹钨，也会使冲击熔池的氩气流反射剧烈，破坏保护层气流，从而使焊缝保护效果变差，喷嘴端部与工件的距离一般在 8 ～ 14mm。

6. 送丝速度与焊丝直径

焊丝的给送速度与焊丝直径、焊接电流、焊接速度及接头间隙等因素有关。一般焊丝直径大时送丝速度慢；焊接电流、焊接速度、接头间隙大时，送丝速度快。送丝速度选择不当，可能造成焊缝未焊透、焊穿、焊缝凹陷、余高太高、成形不光滑等缺欠。

焊丝直径与焊接厚度、接头间隙有关。当焊接厚度、接头间隙大时，焊丝直径可选大些；焊丝直径选择不当时，可能造成焊缝成形不良、余高太高或未焊透。

7. 弧长与电弧电压

电弧电压与弧长呈线性函数关系。当弧长增加时，电弧电压成正比增加，电弧发出的热量也越大。但弧长超过一定范围后，在弧长增加的同时，弧柱截面积也增大，热效率下降，保护效果变差。

1）对于钨极氩弧焊，弧长变化时引起电弧电压的变化比其他保护气体电弧焊所引起的变化小。弧长从 1.5mm 增加到 5mm 时，电弧电压（包括电极电压降）仅从 12V 升高至 16.5V。弧长与焊接电流和焊丝直径也有关，一般焊接电流大或焊丝直径大时，弧长可适当增加，如果弧长选择不当，可能造成短路、未焊透、保护不好等问题。

2）随着机械化程度的提高，手工操作方法的改进，以及高频引弧的应用，钨极氩弧焊电弧的长度一般以控制在 1 ~ 3mm 为宜。这样的电弧长度使焊接过程的有效功率得到了很大提高，因此电弧呈喇叭形，电弧长度越短，工件加热的范围越集中，由空气和工件损失的热量就明显减少。

3）焊接参数的选择，随焊工的熟练程度和习惯各有不同，并与工件的几何形状和尺寸大小有关，但最主要的还是根据工件的厚度和大小。焊接时要有足够的功率，先依据电流的大小选择钨极，然后根据钨极的大小再选择合适的喷嘴，最后依据喷嘴的大小再选择合适的氩气流量，并使之有一定的挺度，以达到良好的保护效果。

由此可见，在焊接规范中，工件的大小是决定其他参数的主要因素，选择焊接参数的顺序是：工件→电流→钨极→喷嘴→氩气流量→焊丝直径→预热温度等。

4.2.5　焊接操作技巧

1. 焊前检查

1）焊接前，应检查焊接设备连接是否正确与牢固，调整钨极伸出长度为 3 ~ 5mm，钨极端部应磨成圆锥形，使电弧集中，燃烧稳定。

2）检查控制系统是否正常，冷却水流量是否合适。

3）检查阴极破碎作用，即引燃电弧后，电弧在工件上垂直不动，若熔化点周围呈亮白色，则有阴极破碎作用。

2. 引弧、收弧和熄弧

利用高频振荡器或高压脉冲发生器引弧，为防止引弧处产生缺陷，不允许使用接触法在工件上引弧，可用废铝板或石墨板引弧，当电弧引燃后，再移入焊接区。

焊接中断或结束时，应防止产生弧坑裂纹或缩孔。收弧时除了利用焊机的自动衰减功能外，还应加快焊接速度及填丝频率，迅速填满弧坑，然后缓慢拉长电弧进行熄弧，也可采用引出板熄弧。

3. 焊接操作要领

（1）焊接操作要领　开始焊接时，先从距工件端部 15 ～ 30mm 处采用右向焊法焊至始焊端，然后采用左向焊法从始焊端开始焊接。

在焊接过程中，焊枪应平稳而匀速地向前作直线运动，并保持弧长稳定。为了防止出现咬边缺欠和确保焊缝熔透，应采用短弧焊接（不填焊丝时，弧长应保持在 0.5 ～ 2mm；填焊丝时，弧长为 4 ～ 6mm）。为避免焊丝端部氧化，焊丝在电弧下移动时，不得移出氩气保护范围。焊接过程中重新引弧时，引弧点应在弧坑前 20 ～ 30mm 的焊缝上，然后再移向弧坑处，使弧坑处受到充分加热熔化后再向前继续焊接。

焊接接头时，电弧在断弧处引弧，待电弧燃烧稳定后向右移动 10 ～ 15mm，然后再向左移动焊枪，在接头处熔化形成熔池后，立即填加焊丝进行正常焊接。

（2）填加焊丝要点　填加焊丝的方法有推丝连续填丝法和断续点滴填丝法两种。

1）推丝连续填丝法。焊接时焊枪不摆动，适当加大焊接电流和焊接速度，用短弧焊接。填丝时，焊丝沿着焊枪前进方向紧贴着焊缝左侧，向熔池作推动式连续填丝，并且焊丝不脱离熔池，每次向熔池的填丝量不宜过多，如图 4-5 所示。此填丝法适用于 T 形接头及搭接接头的焊接。

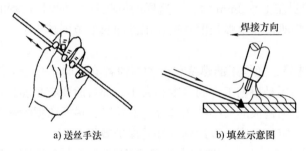

a) 送丝手法　　　　　　b) 填丝示意图

图 4-5　推丝连续填丝法操作

2）断续点滴填丝法（又称点动送丝）。焊接过程中，焊丝在氩气保护区内，向熔池边缘以滴状形式往复加入，此时，焊枪视熔池熔化、焊缝宽度情况可做轻微摆动，如图 4-6 所示。此填丝法适用于对接、角接和卷边对接接头的焊接。

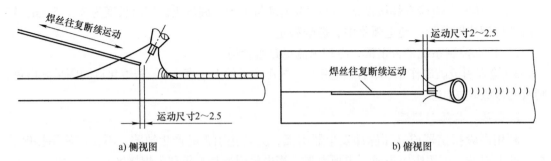

a) 侧视图　　　　　　　　　　　　　　b) 俯视图

图 4-6　断续点滴填丝法操作

4. 手工钨极氩弧焊的基本操作技术

焊接前，首先根据工件的情况选用合适的钨极和喷嘴，然后检查焊枪、控制系统、冷却水系统以及供气系统是否有故障，如一切正常，采用交流 TIG 焊便可进行焊接。

手工钨极氩弧焊的基本操作技术有：引弧、运弧、停弧、熄弧以及焊丝的给送等。

（1）引弧　在一般情况下，规定电弧的引燃应在引弧板上进行，当钨极烧热后，再移至焊缝上引燃就十分容易了。这主要是因为氩气的电离势较高，引燃需要较大能量，冷的钨极端头由常温突然升至几千度的高温，交流电焊接时极易引起爆破，发生钨极爆破飞溅并落入熔池中造成焊缝夹钨，且夹钨的焊缝很容易被腐蚀。从引弧板上移至工件上引弧时，一定要准确地对准焊缝，忌在焊缝两侧引弧，以免击伤工件。

钨极氩弧焊时，忌用接触法引弧，这是因为钨极与工件接触时，会使焊缝污染和造成焊缝夹钨。因此，引弧主要靠高频振荡或高压脉冲，即引弧时钨极端头距工件表面 2～4mm 时，按下微动开关引燃电弧，待电弧稳定燃烧后，再移至工件上。

电弧引燃后，焊枪在一定的时间内应停留在引弧的位置不动，以获得一定大小、明亮干净的熔池（5～10s，厚板形成熔池的时间还要稍长些），所需的熔池一经形成就可以填充焊丝，开始焊接。

如果筒体上有几条圆周焊缝，则每条焊缝的引弧位置应错开，以减少焊接变形。如果工件两端不留加工余量，应该使用引弧板、收弧板，以避免由于引弧、收弧产生缺欠。

（2）运弧及焊丝的给送　运弧技术是有一定要求和规律的，它与气焊、电弧焊的运弧方法不同。钨极氩弧焊接时，一般焊枪、焊丝和工件间均具有一定的位置关系，钨极端头到熔池表面的距离也有一定的要求。

焊接时，焊枪、焊丝和工件之间应保持正确的相对位置，如图 4-7 所示。直缝焊接时通常采用左向焊法。忌焊枪与工件的角度过大，否则会扰乱电弧和气流的稳定性。左向焊法，焊接方向由右向左，手工钨极氩弧焊焊接时，焊枪以一定速度前移，在一般情况下，禁止跳动，尽量不要摆动。焊枪的位置（即焊枪前倾角度）与工件表面呈 70°～85°（焊枪与工件垂直向后倾斜 5°～20°），即焊枪向其移动方向的反方向倾斜。如果采用焊丝填充时，应在熔池的前半部接触加入，焊丝与工件表面呈 10°～15°，这一角度不应过大，目的是使填充焊丝以滴状过渡到熔池中的路径缩短，以免填充金属过热。填充焊丝可稍稍偏离接头的中心线（靠近焊工身边），并不断规律性地从熔池中送进和取出，但取出的距离应力求使焊丝的端头在氩气保护范围内，以免焊丝端头氧化。焊丝的给进应是在熔池前的 1/3 处给进，而不能在电弧的空隙中滴给，否则会产生"乒乒、乓乓"的响声，且焊道表面成形不良，呈灰黑色。

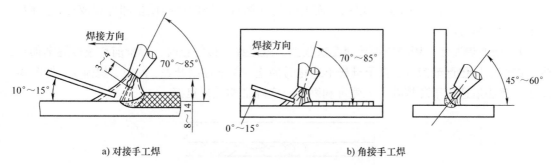

a) 对接手工焊　　　　　　　　　　　　　　　b) 角接手工焊

图 4-7　焊枪、焊丝和工件之间的相对位置

为了在送给焊丝时方便观察熔池和焊缝成形，防止喷嘴烧损，钨极应伸出喷嘴端面

2～3mm，钨极端头与熔池表面的距离应保持在 3mm 左右，这样可使操作者的视线宽广，焊丝给送方便，避免夹钨，从而降低焊缝被钨极污染的可能性。

在正常情况下，即焊接速度和焊丝给送速度规则的情况下，焊接过程顺畅，焊缝表面成形平整，波纹清晰而均匀，否则应检查焊接参数是否正确，当然也取决于操作者的熟练程度。

在焊接过程中，切忌钨极与工件或钨极与焊丝相接触。夹钨会造成焊缝的污染，以及熔池被"炸开"，焊接不能顺利地进行，妨碍氧化膜的清除等。另外，热的钨极被铝污染，会立即破坏电弧的稳定性，并发出"劈劈、啪啪"的响声（直流焊接时，虽没有这种声音，但会造成大量的气孔和焊缝污染），使焊接不可能再继续进行，只能停止焊接进行处理。处理的方法是：采用机械法清理工件被污染部位，直至露出光亮的金属光泽；污染严重时应将被污染处焊缝铲除，清理后重新焊接。钨极被污染后，应在引弧板上重新引弧燃烧，直至引弧板上被电弧光照射的斑痕白亮而无黑色时，方可移至焊缝上继续焊接。直流焊接时如发生上述情况，还应重新修磨钨极。如果焊接时没有对夹钨处进行清理，就会造成焊缝污染和成形不良等缺欠。

（3）停弧 所谓停弧就是因为某种原因，一道焊缝未焊完，中途停下来后，再继续进行焊接。一道焊缝应尽量一次引弧焊完，中途不要停弧，以避免缩孔和气孔的产生。但焊接时，由于某种原因必须中途停下来时，应采取正确的停弧方法。正确的停弧，就是用加快运弧速度停下来，特殊情况例外。如果停弧不当可造成大的弧坑和缩孔。从两种停弧方法的对照图 4-8 中可以看到，加快运弧速度停弧较好，以免产生弧坑和缩孔，为下次引弧继续焊接创造了有利条件。在重新引弧焊接时，待熔池基本形成后，向后压 1～2 个波纹，接头起点不加或稍加焊丝，而后转入正常焊接，以保证焊缝质量和表面成形整齐美观。应当指出：为了防止气孔的产生，焊缝的起点或是接头处应适当放慢焊接速度。停弧的弧坑处最好打磨成斜坡状再施焊，以保证接头质量。

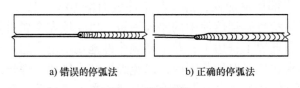

a) 错误的停弧法　　　b) 正确的停弧法

图 4-8 停弧方法

（4）熄弧 焊接终止时要熄弧，而熄弧的好坏直接影响焊缝质量和外观成形，一般有以下几种熄弧方法。

1）增加焊速法。用增加焊接速度法收弧，就是在焊接终止时，焊枪前移速度逐渐加快，焊丝的给送量也逐渐减少，直至母材不熔化时为止（停下控制开关、断电、熄弧），如图 4-9 所示。此法最适用于环焊缝，无弧坑和缩孔，实际证明效果良好。

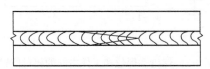

图 4-9 增加焊接速度熄弧示意

2）多次熄弧法。此种方法收弧，终止时焊接速度减慢，焊枪的后倾斜角度加大，而焊丝的给送量增多，电弧呈点焊状态，熄弧后马上再引燃电弧，重复两三次，以便于熔池在凝固过程中能继续得到补给。否则，熄弧处造成明显的缩孔（弧坑），一般情况下熄弧处余高较大，需焊后修磨平整。

3）焊接电流衰减法。熄弧时，将焊接电流逐渐减小，从而减小熔池尺寸，直至母材不被熔化，达到收弧处无缩孔的目的，但该方法不适用于操作位置距焊机较远的情况。

4）引出板应用法。平板对接时采用引出板，焊后将引出板切除，再修磨平整。

根据实际操作证明，以上四种熄弧方法，第一种熄弧方法最好，可避免弧坑和缩孔的产生，因此在焊接过程中，熄弧或中途停弧最好采用第一种方法。

忌熄弧后马上将焊枪移开，应在熄弧处停留 6 ～ 8s 后再移走，以保证高温下熄弧部位不被氧化。

4.2.6 焊接接头质量及焊接禁忌

手工钨极氩弧焊常见的焊接接头质量问题有几何形状不符合要求、未焊透、未熔合、焊穿、裂纹、气孔、夹渣、夹钨、咬边、焊缝过烧和氧化等，这些均是焊接禁忌，需要采取有效的措施控制焊接接头质量问题的产生。

1. 忌几何形状不符合要求

焊缝外形尺寸超出要求，高低宽窄不一致，焊接鱼鳞纹凸凹不平、成形不良、背面凹陷或焊瘤等，其危害是减弱焊缝强度或造成应力集中，降低动载荷强度。产生上述缺欠的原因为焊接参数选择不当，操作技能欠佳，填丝速度和焊枪移动不均匀，熔池形状和大小控制不一致等。

防止措施：选择合适的焊接参数，提高操作技能水平，送丝及时且位置准确，焊枪移动一致，准确控制熔池温度。

2. 忌未焊透和未熔合

焊接时未完全熔透的现象称为未焊透，如坡口的根部或钝边未熔化，焊缝金属未透过坡口间隙则称为根部未焊透；多层焊道时，后焊的焊道与先焊的焊道未完全熔合在一起则称为层间未焊透。其危害是减少了焊缝的有效截面积，因而降低了接头的强度和耐蚀性。焊接时焊道与母材或焊道与焊道之间未完全熔化结合的现象称为未熔合。

产生未焊透和未熔合的原因：电流太小；焊接速度过快，坡口间隙过小；钝边较厚；坡口角度过小；电弧过长或电弧偏离坡口一侧；焊前清理不彻底（尤其是铝合金的氧化膜）；焊丝、焊枪与工件的相对位置不正确；焊工操作技术不熟练等。

防止措施：正确选择焊接参数；选择适当的坡口形式和装配尺寸；选择合适的垫板沟槽尺寸；提高操作技能水平；施焊时应保持平稳均匀；准确控制熔池温度等。

3. 忌焊穿

焊接过程中熔化金属自坡口背面流出而形成穿孔的缺欠称为焊穿。产生原因与未焊透恰好相反，熔池温度过高和填丝不及时是最重要的原因。由于焊穿会降低焊缝强度，引起应力集中和裂纹，因此焊穿是不允许的，必须进行返修。

防止措施：正确选择焊接参数；选择适当的坡口形式和装配尺寸；选择合适的垫板沟

槽尺寸；提高操作技能水平；施焊时应保持平稳均匀；准确控制熔池温度等。

4. 忌裂纹

裂纹是在焊接应力及其他致脆因素作用下，焊接接头中部的金属原子结合力遭到破坏形成的新界面而产生的缝隙，它具有尖锐的缺口和大的长宽比特征。裂纹有热裂纹和冷裂纹之分。焊接过程中，焊缝和热影响区金属冷却到固相线附近的高温区产生的裂纹叫热裂纹。焊接接头冷却到较低温度（对于钢来说，马氏体转变温度以下，大约为230℃）时产生的裂纹叫冷裂纹。冷却到室温并在以后的一定时间内才出现的冷裂纹又叫延迟裂纹。裂纹不仅能减少焊缝金属的有效面积，降低焊缝接头的强度，不仅影响产品的使用性能，而且会造成严重的应力集中，在产品的使用过程中，裂纹能继续扩展，以致发生脆性断裂。因此，裂纹是最危险的缺欠，必须加以避免。热裂纹的产生是冶金因素和焊接应力共同作用的结果，可通过减少高温停留时间来改善焊接时的应力。

防止措施：限制焊缝中的扩散氢含量；降低冷却速度和减少高温停留时间，以改善焊缝和热影响区的组织；采用合理的焊接顺序，以减小焊接应力；选用合适的焊丝和焊接参数，以减少过热和晶粒长大倾向；采用正确的收弧方法填满弧坑；严格实施焊前清理，采用合理的坡口形式，以减小熔合比。

5. 忌气孔

焊接时，熔池中的气泡在凝固时因未能逸出而残留下来所形成的孔穴称为气孔。常见的气孔有三种，即氢气孔、一氧化碳气孔和氮气孔。氢气孔多呈喇叭形，一氧化碳气孔呈链状，氮气孔多呈蜂窝状。焊丝及工件表面的油污、氧化皮、湿气、保护气体不纯或熔池在高温下氧化等都是产生气孔的原因。气孔的危害是降低焊接接头强度和致密性，造成应力集中时可能成为裂纹源。

防止措施：焊丝和工件应清洁并干燥；保护气体应符合相关标准要求；送丝及时，熔滴过渡要快且准，移动平稳，防止熔池过热沸腾；焊枪摆幅不能过大，选择合理的焊接速度；焊丝、焊枪与工件间保持合适的相对位置。

6. 忌夹渣和夹钨

由焊接冶金产生的、焊后残留在焊缝金属中的非金属杂质物（如氧化物、硫化物等）称为夹渣。钨极因电流过大或与工件、焊丝碰撞而使钨极端头熔化落入熔池中即产生了夹钨。产生夹渣的原因，焊前清理不彻底，焊丝熔化端严重氧化。夹渣和夹钨均能降低接头强度和耐蚀性，因此均必须加以限制。

防止措施：保证焊前清理质量；焊丝熔化端始终处于保护区内，保护效果要好；选择合适的钨极直径和焊接参数；提高操作技能水平；正确修磨钨极端部尖角，当发生夹钨时，必须重新修磨钨极。

7. 忌咬边

沿焊脚的母材熔化后未得到焊缝金属的填充而留下的沟槽称为咬边，有表面咬边和根部咬边两种。产生咬边的原因：电流过大；焊枪角度不当；填丝速度过慢或填丝位置不准确；焊接速度过快等。钝边和坡口面熔化过深使填充金属难以充满就会产生根部咬边，尤其在横焊位置上侧的焊接。咬边多产生在立焊、横焊上侧和仰焊位置。流动性较好的金属更容易产生咬边，如含镍较高的低温钢、钛金属等。咬边的危害是降低了接头强度，容易形成应力集中。

防止措施：选择合适的焊接参数；提高操作技能水平；严格控制熔池的形状和大小，熔池要饱满；焊接速度要合适；填丝要及时，位置要准确。

8.忌焊缝过烧和氧化

焊道内外表面有严重的氧化物即为焊缝过烧和氧化。产生的原因：气体的保护效果差，如气体不纯，气体流量过小等；熔池温度过高，如电流偏大、焊接速度过慢、填丝迟缓等；焊前清理不干净，钨极伸出长度过长，电弧长度过大，钨极和喷嘴不同心等。焊接铬镍奥氏体钢时内部产生"菜花"状氧化物，说明内部充气不足或密封不严。焊缝过烧能严重降低接头的使用性能，因此必须找出产生的原因并制定有效的预防措施。

4.3　铝合金手工钨极氩弧焊操作技巧与禁忌

4.3.1　铝合金板对接平焊的单面焊双面成形

1.焊前准备

1）焊接电源。伏能士 TPS-3000 数字化焊接电源。

2）母材。规格 300mm×150mm×3mm，I 形坡口，材料选用 6082T6。

3）焊丝牌号。AlMg4.5MnZr-5087，直径为 3mm。

4）保护气体。99.999% 纯氩气，气体流量为 8～10L/min。

5）清洗打磨。采用异丙醇清洗工件表面的油脂、污垢等；然后用风动不锈钢丝轮对焊缝区域两侧 20mm 范围内进行打磨、抛光处理，以去除其表面的氧化层。

6）装配及定位焊。分别在两端进行定位焊，长度为 6～10mm；组对间隙，一端为 1.6mm（始焊端），另一端为 2.5mm；焊接电流为 160A。工件装配如图 4-10 所示。

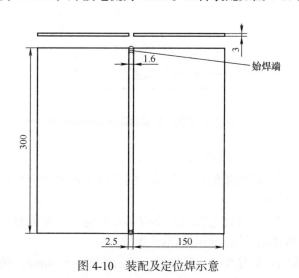

图 4-10　装配及定位焊示意

2.铝合金板对接平焊的单面焊双面成形操作

1）铝合金板对接平焊焊接参数见表 4-6。

表 4-6　铝合金板对接平焊焊接参数

焊接层次	焊道分布	焊丝直径 /mm	钨极直径 /mm	焊接电流 /A	焊枪与焊接方向夹角 / (°)
一层		3	2.5	110 ～ 120	70 ～ 85

2）将焊枪置于将要焊接的试板上方，引燃电弧对待焊焊缝集中加热，母材形成熔池后（母材表面有下沉现象），将焊丝填加到熔池的前缘，而不是加到电弧处，如图 4-11 所示。填加焊丝量以焊缝达到所需要尺寸的大小为目的，然后将焊枪移动到原熔池前边缘的位置。在焊接过程中，焊枪、焊丝与焊接方向的夹角如图 4-12 所示，焊枪向前移动应平稳，当熔池需要填焊丝时，应能够及时、定量地将焊丝填进熔池中。注意使焊丝熔化的末端始终保持在惰性气体的保护中，以防止高温时焊丝末端被氧化。

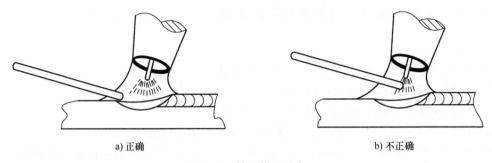

a) 正确　　　　　　　　　　　　　b) 不正确

图 4-11　填丝位置示意

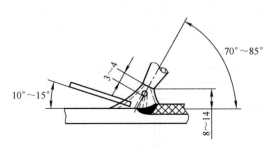

图 4-12　焊丝、焊枪与焊接方向的夹角

3. 焊接时易产生的问题及控制措施

1）焊接位置不合适。控制措施：应在适宜的焊接位置上进行焊接，高质量的焊接应确保流畅协调的焊枪与填丝操作。

2）未焊透。控制措施：焊接电流的大小应与填丝速度和焊枪前进速度相适宜，待温度上升、熔池形成后，再移动焊枪，否则都不易焊透。

3）夹钨。控制措施：对接焊时，钨极端头超出喷嘴 3 ～ 4mm，钨极不得触及焊丝和试板，以免因产生钨极飞溅而造成焊缝夹钨。

4）焊穿。控制措施：铝及铝合金在高温时的强度较低，焊接时容易使焊缝塌陷或焊穿，常采用在焊缝背面装夹有圆弧形槽的不锈钢垫板，以保证焊缝背面成形良好，具体夹紧方式如图 4-13 所示。

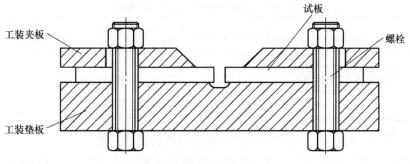

图 4-13　焊接工装夹紧示意

4.3.2　铝合金板对接立焊的单面焊双面成形

1. 焊前准备

1）焊接电源。伏能士 TPS-3000 数字化焊接电源。

2）母材。规格 300mm×150mm×3mm，I 形坡口，材料选用 6082T6。

3）焊丝牌号。AlMg4.5MnZr-5087，直径为 3mm。

4）保护气体。99.999% 纯氩气，气体流量为 8～10L/min。

5）清洗打磨。采用异丙醇清洗工件表面的油脂、污垢等；然后用风动不锈钢丝轮对焊缝区域两侧 20mm 范围内进行打磨、抛光处理，以去除其表面的氧化层。

6）装配及定位焊。分别在两端进行定位焊，长度为 6～10mm；组对间隙，一端为 1.6mm（始焊端），另一端为 2.5mm；焊接电流为 130～150A。如图 4-14 所示。

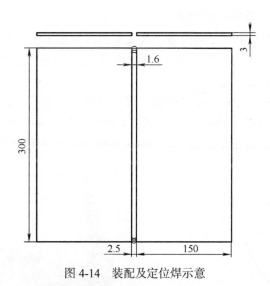

图 4-14　装配及定位焊示意

2. 铝合金板对接立焊的单面焊双面成形操作

1）铝合金板对接立焊焊接参数见表 4-7。

表 4-7　铝合金板对接立焊焊接参数

焊接层次	焊道分布	焊丝直径 /mm	钨极直径 /mm	焊接电流 /A	焊枪与焊接方向夹角 / (°)
一层	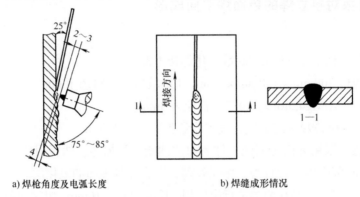	3	2.5	100 ~ 110	70 ~ 80

2）立焊操作技巧。立焊焊接时自下向上施焊。焊接条件较平焊困难，实际应用较少。立焊的难度要大些，焊接时主要掌握焊枪角度和电弧长度的控制。

3）焊接速度和送丝速度应一致。正确的焊枪角度和电弧长度，应使观察熔池和给送焊丝方便及焊接速度合适（见图 4-15），这样才能达到焊缝整齐、美观，无咬边等缺欠。立焊时，焊丝、焊枪和工件的相对位置如图 4-16 所示，其余焊接操作要点与平焊相同。

a) 焊枪角度及电弧长度　　　　　　b) 焊缝成形情况

图 4-15　正确的焊枪角度及电弧长度

3. 立焊时易产生的问题及控制措施

1）弧坑裂纹和收弧氧化。控制措施：收弧采用多次熄弧法，熄弧后焊枪保持在原处再引燃电弧，重复 2 ~ 3 次。熄弧后不能马上将焊枪移走，应在收弧处停留 2 ~ 5s，用滞后气保护高温下的收弧部位不受氧化。

2）焊缝成形差及焊缝夹钨。控制措施：焊接时必须注意适当的体位，并尽量利用焊接辅助设备，焊接时握焊枪的手支撑在一个支点上移动，如图 4-17 所示。这与手臂悬空焊接相比，其优点较多，特别是用小电流（如 10A）焊接曲线焊缝更为突出，能有效地保证电弧

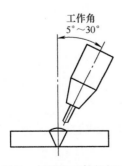

图 4-16　焊丝、焊枪和工件的相对位置

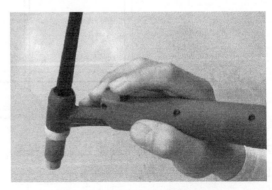

图 4-17　焊接时手握焊枪姿势

长度的一致性,方便运用短弧焊。操作时可使焊枪垂直于焊接区域,以便提高气体保护效果,减少由于手臂不稳,出现钨极触碰到熔池而产生夹钨的可能性,还能减轻焊工操作的劳动强度。

4.3.3 铝合金板对接横焊的单面焊双面成形

1. 焊前准备

1)焊接电源。伏能士 TPS-3000 数字化焊接电源。

2)母材。规格 300mm × 150mm × 3mm,I 形坡口,材料选用 6082T6。

3)焊丝牌号。AlMg4.5MnZr-5087,直径为 3.0mm。

4)保护气体。99.999% 纯氩气,气体流量为 8 ~ 10L/min。

5)清洗打磨。采用异丙醇清洗工件表面的油脂、污垢等;然后用风动不锈钢丝轮对焊缝区域两侧 20mm 范围内进行打磨、抛光处理,以去除其表面的氧化层。

6)装配及定位焊。分别在两端进行定位焊,长度为 6 ~ 10mm 左右,组对间隙,一端为 1.6mm(始焊端),另一端为 2.5mm,焊接电流为 130 ~ 150A。如图 4-18 所示。

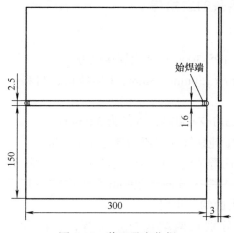

图 4-18 装配及定位焊

2. 铝合金板对接横焊的单面焊双面成形操作

1)铝合金板对接横焊焊接参数,见表 4-8。

表 4-8 铝合金板对接横焊焊接参数

焊接层次	焊道分布	焊丝直径 /mm	钨极直径 /mm	焊接电流 /A	焊枪与焊接方向夹角 / (°)
一层		3.0	2.5	100 ~ 110	70 ~ 80

2)横焊操作。①在横焊时易产生焊缝上侧咬边和焊肉下坠、背面未熔合等缺欠。控制措施:掌握好焊枪角度、焊接速度、熔池温度及焊丝的给送位置,焊缝成形可达到圆滑美观,横焊时焊枪、焊丝与焊接方向的相对位置如图 4-19 所示。②易产生咬边,焊缝下坠、未熔合。控制措施:手工钨极氩弧横焊,焊接自右向左,焊接时,焊枪以一定速度前移,

因焊接电弧热及被电弧加热产生的气流使上下侧试板形成温差，导致当上侧试板金属过热时，下侧试板温度还未能使母材熔化而形成熔池，也会导致上侧咬边、焊肉下坠和背面未熔合缺欠。因此，横焊时上下侧工件采用不同的钝边厚度可以取得良好的效果，如图 4-20 所示。

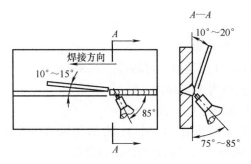

图 4-19　横焊时焊枪、焊丝与焊接方向的相对位置

图 4-20　上、下侧工件不同钝边厚度

4.3.4　铝合金板 T 形接头的立角焊

1. 焊前准备

1）焊接电源。伏能士 TPS-3000 数字化焊接电源。

2）母材。规格 300mm×150mm×3mm，I 形坡口，材料选用 6061T6。

3）焊丝牌号。AlMg4.5MnZr-5087，直径为 3.0mm。

4）保护气体。99.999% 纯氩气，气流为 8～10L/min。

5）清洗打磨。采用异丙醇清洗工件表面的油脂、污垢等；然后用风动不锈钢丝轮对焊缝区域两侧 20mm 范围内进行打磨、抛光处理，以去除其表面的氧化层。

6）装配及定位焊。分别在两端进行定位焊，长度为 6～10mm，无间隙，焊接电流为 130～150A，如图 4-21 所示。

2. 铝合金板 T 形接头的立角焊操作

1）铝合金板 T 形接头的立角焊焊接参数见表 4-9。

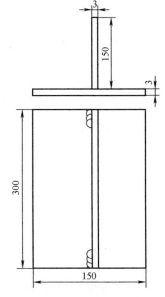

图 4-21　装配及定位焊

表 4-9　铝合金板 T 形接头的立角焊焊接参数

焊接层次	焊道分布	焊丝直径 /mm	钨极直径 /mm	焊接电流 /A	焊枪与焊接方向夹角 /（°）
一层		3.0	2.5	100～110	70～80

2）立角焊操作。自下向上操作。焊枪与焊接方向的角度随着位置变化而保持一致不变，焊枪角度控制在 75°～80°，与焊缝两侧试板夹角为 45°～60°，焊丝与焊缝的角度控制在 15° 左右，采用直线运条方法进行自下向上焊接，钨极尖端必须指向焊脚的根部位置，立角

焊时焊枪、焊丝和焊接方向的相对位置如图 4-22 所示。

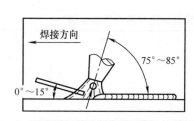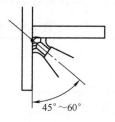

图 4-22　立角焊时焊枪、焊丝和焊接方向的相对位置

3. 易产生的质量问题与控制措施

送丝不正确导致未焊透。若焊丝给送得过早，焊枪前进速度过快，会造成焊脚根部未焊透缺欠，如图 4-23 所示。焊接时，电弧与母材的间距应保持在 1 ～ 2mm，并将电弧保持在熔池前端 1/2 处，同时焊丝始终保持在熔池前端，随时根据焊接熔池的形状将焊丝送进，并控制焊枪前进速度的均匀性。

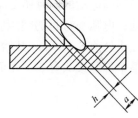

图 4-23　未焊透缺欠

4.3.5　铝合金管垂直固定对接单面焊双面成形

1. 焊前准备

1）焊接电源。伏能士 TPS-3000 数字化焊接电源。

2）母材。管 $D32mm \times t2mm \times 100mm$，数量 2 件，I 形坡口，材料选用 6061T6。

3）焊丝牌号。AlMg4.5MnZr-5087，直径为 2.0mm。

4）保护气体。99.999% 纯氩气，气体流量为 8 ～ 10L/min。

5）清洗打磨。采用异丙醇清洗工件表面的油脂、污垢等，然后用风动不锈钢丝轮对焊缝区域两侧 20mm 范围内进行打磨、抛光处理，以去除其表面的氧化层。

6）装配及定位焊。分别在时钟 2 点和 10 点位置进行定位焊，每点长度为 4 ～ 6mm，焊接电流为 80 ～ 90A，无间隙，为便于焊接时观察焊缝位置和背面焊透，下侧试管倒圆角。如图 4-24 所示。

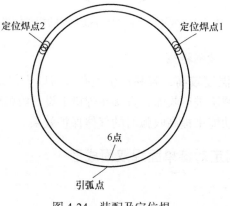

图 4-24　装配及定位焊

2. 铝合金管垂直固定对接焊操作

1）铝合金管垂直固定对接焊焊接参数见表 4-10。

表 4-10 铝合金管垂直固定对接焊焊接参数

焊接层次	焊道分布	焊丝直径 /mm	钨极直径 /mm	焊接电流 /A	焊枪与焊接方向夹角 /（°）
一层		2.0	2.5	100～110	70～80

2）管垂直固定对接焊操作。焊接为横焊位置，采用左焊法进行焊接，焊丝与焊枪前进方向的角度为 15° 左右，焊枪与焊接方向的夹角为 80°～85°，如图 4-25 所示。采用直线停顿运条方法进行焊接。焊接时，钨极尖端指向焊缝的中间部位。管对接比板对接的焊接操作难度要大，小直径管对接比大直径管操作难度更大。焊接时，管固定不动，焊枪随管外壁做圆周运动的同时还要保持焊丝和焊枪角度始终不变；握焊枪的手支撑在一个支点上匀速移动；电弧与母材的间距应采用短弧焊，保持在 1～2mm 之间；为保证接头良好，应从焊缝接头处前 5～8mm 开始引弧，不填丝运条至接头处熔池出现下沉现象，填丝进行后续焊接，整个焊缝接头有 3～4 个。

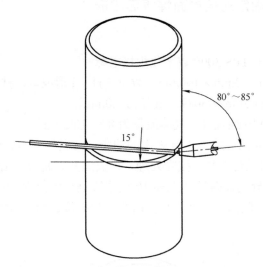

图 4-25 焊枪、焊丝与焊接方向的相对位置

3. 易产生的质量问题与控制措施

由于焊缝在收尾处时温度较高，容易产生缩孔，所以为保证焊缝收尾良好，生产实际过程中，主要采用电流衰减法进行收弧，直接在焊机上设置收弧电流即可进行收弧，同时应用焊机面板上的延迟送气功能来提高收弧时的气体保护效果。

4.3.6 铝合金管水平固定对接单面焊双面成形

1. 焊前准备

1）焊接电源。伏能士 TPS-3000 数字化焊接电源。

2）母材。管 $D32mm \times t2mm \times 100mm$，数量 2 件，I 形坡口，材料选用 6061T6。

3）焊丝牌号。AlMg4.5MnZr-5087，直径为 2.0mm。

4）保护气体。99.999% 纯氩气，气体流量为 8～10L/min。

5）清洗打磨。采用异丙醇清洗工件表面的油脂、污垢等；然后用风动不锈钢丝轮对焊缝区域两侧 20mm 范围内进行打磨、抛光处理，以去除其表面的氧化层。

6）装配及定位焊。分别在时钟 2 点和 10 点位置进行定位焊，长度为 4～6mm，焊接电流为 80～90A，无间隙，为便于焊接时观察焊缝位置和焊缝背面焊透，焊接时从过 6 点 10～15mm 处引弧，如图 4-26 所示。

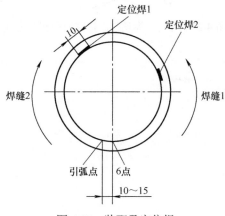

图 4-26　装配及定位焊

2. 铝合金管水平固定对接焊操作

1）铝合金管水平固定对接焊焊接参数，见表 4-11。

表 4-11　铝合金管水平固定对接焊焊接参数

焊接层次	焊道分布	焊丝直径 /mm	钨极直径 /mm	焊接电流 /A	焊枪与焊接方向夹角 /（°）
一层		2.0	2.5	100～110	75～80

2）管水平固定对接焊操作。管水平固定，焊枪沿焊缝立向上焊接，焊枪角度随着焊缝移动而保持不变，一般焊枪与焊接方向的角度控制在 75°～80°，焊枪与管子中心线的夹角为 90°，焊丝与焊接方向的角度控制在 15° 左右，采用直线停顿运条方法进行焊接，钨极尖端必须指向焊缝的中间根部位置，如图 4-27 所示。忌采用立向下焊和焊枪角度不正确。

3）打底忌在 6：00 和 12：00 位置起弧。将水平管焊缝分成焊缝 1 和焊缝 2。焊缝 1 起弧点在时钟 6：30 位置，收弧点在 11：30 位置；焊缝 2 起弧点在 5：30 位置，收弧点在 12 点位置。管水平固定，焊接位置从仰对接、立对接、平对接依次变化，焊接时必须注意适当的体位，并尽量利用焊接辅助设备。焊接时握焊枪的手支撑在一个支点上移动，焊接速度和送丝速度都要规律和平稳，整条焊缝 2 个接头，保证焊缝表面平整、波纹清晰且均匀。

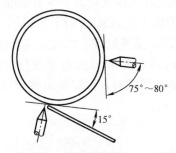

图 4-27　焊枪、焊丝与焊接方向的相对位置

第 *5* 章

铝合金熔化极氩弧焊操作技巧与禁忌

5.1 铝合金熔化极氩弧焊工作原理

熔化极氩弧焊（MIG焊）是将焊丝作为电极，与工件接触产生电弧，电弧加热焊丝和母材，焊丝熔化形成熔滴，母材熔化形成熔池。熔滴从焊丝端部脱落过渡到熔池，与熔池结合冷却后形成焊缝。从焊枪喷嘴中流出的氩气（或其他惰性气体）对焊接区及电弧进行有效保护，如图 5-1 所示。

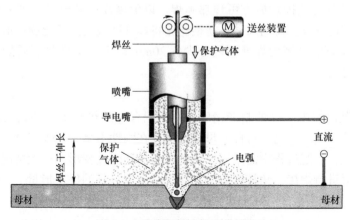

图 5-1　熔化极氩弧焊工作原理

5.2 铝合金熔化极氩弧焊工艺与禁忌

5.2.1 焊接环境

1. 作业区温度、湿度控制

常温下，氢几乎不溶于固态铝，但在高温时能大量地溶于液态铝，因此在凝固点时其溶解度发生突变，原来溶于液体中的氢几乎全部析出，其析出过程是：形成气泡→气泡长大→气泡上浮→气泡逸出。如果形成的气泡已经长大而来不及逸出，便形成气孔。因此，焊接环境应控制氢的来源，焊接前必须检查环境温度和湿度，将温度、湿度及时填写在相应的工序流程单上。作业区要求温度在 5℃以上，湿度小于 60%，以减少氢进入熔池，从而保证焊接质量。忌焊接作业温度、湿度超标。

2. 作业区空气气流控制

焊接过程中不允许有穿堂风，因此在焊接作业前必须关闭焊接工位附近的通道门。当焊接过程中，如果有人打开与工位临近的大门，则要立即停止施焊。如果工位附近的空调风影响到焊接作业，也必须将该处空调的排风口关闭后才能进行焊接作业。忌作业区空气对流。

3. 消防控制

在焊接作业前必须清理焊接区域 3m 范围内的可燃物体，例如渗透检测后遗留的白棉布、隔音棉及清洗液等，避免因焊接飞溅而引起着火事故。忌作业火灾的发生。

5.2.2 焊接装配

1. 焊前清理

铝合金焊接忌焊前清理不到位。在焊接作业前，必须将残留在零部件表面或铝合金型材型腔内的灰尘、飞溅、毛刺、切削液及铝屑清理干净。用棉布将工件上的灰尘和脏物擦干净，如果工件上有油污，使用焊缝清洗剂清理干净。在使用焊缝清洗剂清理型腔后，必须等待 $2 \sim 3$min，让清洗剂完全挥发后方可预热施焊，以免爆炸；必要时，可采用吹风的方法使型腔内的清洗剂加速挥发。使用风动不锈钢丝轮将焊缝区域内的氧化膜打磨干净，以打磨处呈亮白色为标准，打磨区域为焊缝两侧至少各 20mm 以上。工件打磨后如在 24h 内未进行焊接，则需重新打磨。

2. 装配

忌不合理的装配影响工件的制造精度。由于铝合金的热导率比铁大数倍，且具有线膨胀系数大、熔点低、电导率高等特性，母材本身存在刚性不足，在焊接过程中容易产生较大的焊接变形，因此在装配过程中需采用一定的措施控制焊接变形。一般情况下，对接焊缝可采用焊接工装夹紧进行焊接，角接焊缝则在装配时预留一定的反变形量。

3. 定位焊

当板厚大于 12mm 时，定位焊的最小长度要求在 50mm 以上；当板厚小于 12mm 时，定位焊缝的长度要求在板厚的 4 倍以上。定位焊的两端要求打磨成斜坡状以便后续施焊；定位焊的顺序和方向应以减小焊接变形和焊接间隙为准。定位焊的缺欠必须在正式焊接前清除干净。

5.2.3 焊前预热

铝合金的热导率、热容量都很大，比钢大一倍多（其热导率约为钢的 $2 \sim 4$ 倍），在焊接过程中大量的热能被迅速传导至基体金属内部，因此焊接时热损失比钢大，需要消耗更多的热量。若要达到与钢相同的焊接速度，则焊接热输入需为钢的 $2 \sim 4$ 倍，因此对于厚度 ≥ 10mm 的铝材，焊前应预热至 $80 \sim 120$℃，层间温度控制在 $60 \sim 100$℃。预热时应使用接触式测温仪对工件预热温度进行测量，忌采用非接触式测温仪。此外，预热也有利于消除焊缝表面的氢，防止气孔的产生。

5.2.4　焊接参数选择

脉冲熔化极氩弧焊的焊接参数比较多，除脉冲特征参数以外，还有其他与普通熔化极氩弧焊相同的焊接参数。脉冲特征参数包括基值电流、脉冲电流、脉宽比、脉冲频率等。

1. 忌基值电流选择不规范

基值电流 I_j 的主要作用是在脉冲电流停歇期间维持电弧稳定燃烧，预热母材和焊丝（但不形成熔滴），为脉冲期间熔滴过渡作准备，是调节总焊接电流和母材热输入的重要参数，可控制预热和冷却速度。

基值电流不能调节过大，否则脉冲焊的特点不明显，甚至在脉冲停歇期间也有熔滴过渡，使熔滴过渡失去控制，且平均电流被大幅提高，给全位置焊接带来困难；基值电流也不能调节太小，否则电弧不稳定。通常电流取 50 ~ 80A 比较合适。平焊位置焊接时可取高些，其他位置焊接时则取低些。

2. 忌脉冲电流选择不规范

脉冲电流 I_p 的主要作用是使熔滴成为喷射过渡，为此脉冲峰值电流必须高于脉冲喷射过渡临界电流值（见表 5-1），若该值持续一定时间，熔滴便可呈喷射过渡。若脉冲电流峰值低于产生喷射过渡的临界电流值，则不会产生喷射过渡。

脉冲喷射过渡临界电流值必须大于连续喷射过渡的临界电流值，但脉冲喷射过渡临界电流值不是固定值，它随脉冲持续时间及基值电流的增加而降低；反之，随这两个参数的减小而增大。

表 5-1　5A06 铝镁合金焊接时脉冲喷射过渡临界电流值（总电流平均值）

焊丝直径 /mm	1.2	1.6	2.0	2.5
临界电流值 /A	25 ~ 30	30 ~ 40	50 ~ 55	75 ~ 80

脉冲峰值电流是决定脉冲能量的重要参数，它影响着熔滴的过渡力、尺寸和焊缝的熔深。在平均总电流不变（即送丝速度不变）的条件下，熔深随脉冲峰值电流的增加而增加，反之则降低。因此，可根据工艺需要，通过调节脉冲峰值电流来调节熔深。

3. 忌脉宽比选择不规范

脉宽比的大小反映脉冲焊特点的强弱。

$$脉宽比 = t_p/T$$

式中，t_p——脉冲电流通电时间（s）；

　　　T——脉冲周期。

脉冲电流和脉冲通电时间均是决定焊缝形状和尺寸的主要参数，随着脉冲电流的增大和脉冲通电时间的延长，焊缝熔深和熔宽增大，调节这两个参数，就可获得不同的焊缝熔深和焊宽。脉宽比选 25% ~ 50% 为宜。对非平焊位置的焊缝，由于需选用较小的焊接电流，但又要保证喷射过渡，所以此时应选择较小的脉宽比，以保证电弧有一定的挺度。对热裂倾向大的铝合金，宜选用较小的脉宽比。

4. 忌脉冲频率选择不规范

脉冲频率（脉冲周期）也是决定脉冲能量的重要参数之一。它的大小一般由焊接电流决定。若要求焊接电流（或送丝速度）较大，则需选择较高的脉冲频率；要求焊接电流较小时，脉冲频率应选得低些。对于一定的送丝速度，由于脉冲频率与熔滴尺寸成反比，而与母材熔深成正比，因此较高的脉冲频率适合于厚板焊接，较低的脉冲频率适合于薄板焊接。根据实现稳定喷射过渡的要求，脉冲频率可在 30 ~ 120Hz 之间选取。

5. 忌焊接参数选择不规范

在实际生产过程中，选择脉冲喷射过渡焊接参数的一般程序是：先根据母材的材质、厚度和质量要求，选用合适的焊丝牌号及直径；然后根据焊丝直径确定基值电流、脉冲频率和脉宽比，这 3 个参数在焊接设备上都可以单独给定和调节，并焊前应先调试好，焊接时不再改变；最后在焊接时，再调节焊接电流（总平均电流）、电弧电压（弧长）和焊接速度。为了保持一定的弧长，必须使送丝速度等于焊丝熔化速度，在等速送丝情况下，主要是通过调节送丝速度来改变焊接电流的大小，并匹配合适的弧长。

纯铝、铝镁合金半自动脉冲熔化极氩弧焊焊接参数，见表 5-2。

表 5-2　纯铝、铝镁合金半自动脉冲熔化极氩弧焊焊接参数

母材牌号	板厚/mm	焊丝直径/mm	基值电流/A	脉冲电流/A	电弧电压/V	脉冲频率/Hz	氩气流量/L·min⁻¹	喷嘴孔径/mm	焊丝牌号
1035	1.6	1.0	20	110 ~ 130	18 ~ 19		18 ~ 20		1035
	3.0	1.2		140 ~ 160	19 ~ 20		18 ~ 20		
5A03	1.8	1.0	20 ~ 25	120 ~ 140	18 ~ 19	50	18 ~ 20	16	5A03 SAlMg5
5A05	4.0	1.2		160 ~ 180	19 ~ 20		20 ~ 22		5A05 SAlMg5

5.2.5　MIG 焊焊接操作技巧与禁忌

1. 引弧

为保证起始段的保护效果，引弧前先按开关提前送气 5 ~ 10s；保证适宜的焊丝干伸长。忌焊丝干伸长过长，气体保护效果不好，干伸长过短容易产生过烧而出现堵丝现象，一般控制在 8 ~ 10mm 之间。

2. 运条方式

铝合金焊接与碳素钢焊接方法不同，采用左向焊接法进行焊接，一般采用直线、直线往返、圆圈及斜圆圈等运条方式，如图 5-2 所示。

3. 焊接操作

以平板对接，平角焊为例。

（1）打底层　对接焊缝：焊枪与焊接方向角度控制在 85° 左右，与焊缝两侧试板夹角为 90°。由于背面有衬垫，因此焊丝应处于熔池前端，保证背面熔透。忌熔池金属流淌至电弧前端，导致焊缝未熔合。

角接焊缝：焊枪与焊接方向角度控制在 85° 左右，在焊缝两侧试板夹角中间，为保证根部熔深，焊丝应处于熔池前端。

（2）填充层　对接焊缝：焊枪与焊接方向角度控制在 80° 左右，与焊缝两侧试板夹角为 90°，每层之间要求平整且圆滑过渡，特别在焊缝与坡口两侧的夹角处，如图 5-3 所示，以保证内部质量。填充层应比坡口面低 2mm 左右，并且不得损伤坡口两侧原始边。

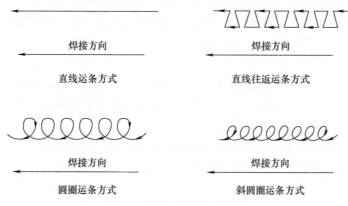

图 5-2　铝合金焊接运条方式

焊缝与坡口的夹缝

图 5-3　焊缝与坡口的夹角

角接焊缝：焊枪与焊接方向角度控制在 80° 左右，在焊缝两侧试板夹角中间，每层之间要求平整且圆滑过渡。

（3）盖面层　盖面焊时为避免起始端焊接时熔化金属因重力的作用造成下淌而低于母材，在引弧时可在起始端点焊 3 ～ 4 点，然后再进行连续的焊接，收弧时采用断弧方式填满弧坑。

对接焊缝：焊枪与焊接方向角度保持 80° ～ 85°，与焊缝两侧试板夹角为 90°，为保证焊缝的外观成形，避免焊缝两侧产生咬边，应观察熔池填满后再往前走。

角接焊缝：焊枪与焊接方向角度保持 80° ～ 85°，在焊缝两侧试板夹角中间，控制熔池保持一致，以保证焊缝的外观成形。

5.2.6　焊接变形的控制与禁忌

1.忌焊缝设计不合理

1）尽量减少焊缝数量。在设计焊接结构时应避免不必要的焊缝。尽量选用型钢、冲压件代替焊接件，以减少筋板数量来降低焊接和矫正变形的工作量。

2）合理选择焊缝形状及尺寸。对于板厚较大的对接接头应选 X 形坡口代替 V 形坡口。减少熔敷金属填充量，以减小焊接变形。

在保证有足够承载能力的条件下，应尽量选用较小的焊缝尺寸。对于不需要进行强度计算的 T 形接头，应选用工艺上合理的最小焊脚尺寸。此外，采用断续焊缝比连续焊缝更能减少变形。

当按设计计算确定 T 形接头角焊缝时，应采用连续焊缝，忌采用与之等强的断续焊缝，并应采用双面连续焊缝代替等强的单面连续焊缝，以减小焊脚尺寸。

对于受力较大的 T 形或十字接头，在保证相同强度的条件下，应采用开坡口的角焊缝。这样可大大减少焊缝金属填充量，减小焊接变形量。

3）合理设计结构形式及焊缝位置。设计结构时应考虑使焊接工作量最小，以及部件总装时的焊接变形量最小。对于薄板结构，应选合适的板厚，减小骨架间距及焊脚尺寸，以提高结构的稳定性，减小波浪变形。忌设计曲线形结构，因为采用平面形结构可使固定状态下的焊接装备简单化，易于控制焊接变形。

由于焊缝的横向收缩通常比纵向收缩显著，因此应尽量将焊缝布置在平行于要求焊接变形量最小的方向。焊缝的位置应尽量靠近截面中心轴，并且尽量对称于该中心轴，以减小结构的弯曲变形。

2. 忌焊接工艺不规范

1）通过合理的焊接顺序来控制焊接变形。同一条或同一直线的若干条焊缝，采用自两侧向中间分段退焊的方法，可以有效地控制焊接残余变形。这种方法叫作逆向分段退焊法，如图 5-4 所示。

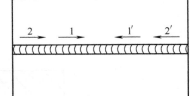

图 5-4　逆向分段退焊法

2）通过合理的焊接顺序来控制焊接变形，典型工件焊接顺序操作方法见表 5-3。

表 5-3　典型工件焊接顺序操作方法

操作方法	图示	说明
长焊缝同方向焊接		如 T 形梁、工字梁等焊接结构，具有互相平行的长焊缝，施焊时，应采用同方向焊接，可以有效地控制扭曲变形。
跳焊法		如构件上有数量较多，又互相隔开的焊缝时，可采用适当的跳焊，使构件上的热量分布趋于均匀，能减少焊接残余变形。

3）冷焊法。通过降低热量输入，减小焊接部位与结构上其他部位的温度差。具体做法有：尽量采用小的焊接热输入，选用小直径焊丝，小电流、快速焊及多层多道焊。

4）散热法。就是利用各种办法将施焊处的热量迅速散走，减小焊缝及其附近的受热区，同时还使受热区的受热程度大大降低，从而达到减小焊接变形的目的。

5）放量法。即在下料时，将零件的长度或宽度尺寸相对设计尺寸适当加大，以补偿工件的焊接收缩。放量的多少可根据公式并结合生产经验来确定，主要用于防止工件的收缩变形。

6）刚性固定法。将构件加以固定来限制焊接变形。对于刚度小的结构，可以采用夹具或临时支撑等措施，增加该结构在焊接时的刚度，以减小焊接变形量。结构的刚度越大，利用刚性固定法控制弯曲变形的效果越差，而对角变形及波浪变形较为有效，如图 5-5 所示。这种方法虽然可以减小焊接变形，但却增加了焊接应力。

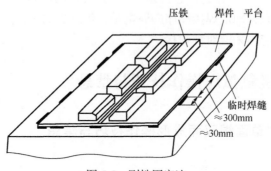

图 5-5　刚性固定法

7）锤击焊缝法。在焊后用手锤或一定直径的半球形风动锤锤击焊缝，可使焊缝金属产生延伸变形，能抵消一部分收缩塑性变形，起到减小焊接应力的作用。锤击时注意施力应适度，以免因施力过大而产生裂纹。

8）反变形法。为了抵消焊接残余变形，焊前先将工件向焊接残余变形相反的方向预制变形，这种方法称为反变形法，如图 5-6 所示。

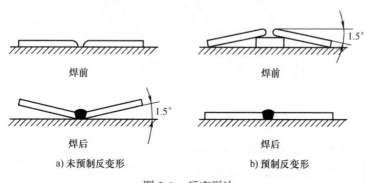

a) 未预制反变形　　　　　　　b) 预制反变形

图 5-6　反变形法

9）预拉伸法。采用机械预拉伸、加热预拉伸，或者机械与加热同时使用的预拉伸，可以使薄板预先得到拉伸与伸长。这时在涨紧的薄板上装配焊接工装，可以很好地防止波浪变形。

10）选用合理的焊接方法及焊接参数。选用能量密度较高的焊接方法，可以减小焊接变形。焊接热输入较小时，可以减小焊接变形，然而从生产效率来考虑，热输入又不宜过低。采用跳焊、逐步退焊等措施，可以影响焊接温度场，减小焊接变形量。另外，选用不同的焊接参数，也可以控制及调节弯曲变形。例如，对于截面不对称的梁，选用较小的焊接参数焊接远离截面中心轴的焊缝，可以调节梁的弯曲变形，以达到抵消其他焊缝焊接产生的弯曲变形。

11）选择合理的装配和焊接顺序。构件在装配过程中，截面的重心位置也在不断变化，因而影响焊接变形量。因此，同样的构件，采用不同的装配和焊接顺序，就有不同的变形量。通常将一个构件分成多个部件，分别装配和焊接，其顺序应做具体分析，对于重要的构件还应进行模拟试验。

分布在截面中心线两侧的焊缝，通常是先焊的一侧焊缝所产生的弯曲变形比后焊一侧所产生的变形要大。因此，确定焊接顺序的原则是：焊缝少的一侧先焊。对于截面形状、焊缝布置均对称的构件，应当采取对称焊接。

5.3 铝合金熔化极氩弧焊操作技巧与禁忌

5.3.1 厚板对接平焊单面焊双面成形操作技巧与禁忌

1. 焊前准备

1）焊接电源。伏能士 TPS-5000 型 MIG 焊机。

2）工件规格。6082T6 铝合金板 300mm × 150mm × 10mm，2 件，坡口角度 70°，如图 5-7 所示。

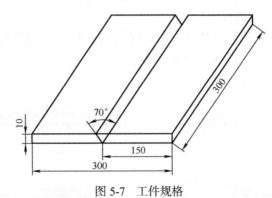

图 5-7 工件规格

3）焊丝牌号。ER5087，焊丝直径 1.2mm。

4）保护气体。99.999% 氩气。

5）坡口准备。坡口面角度 35°，其他尺寸见表 5-4。

表 5-4 铝合金厚板平对接坡口尺寸

坡口形式	坡口角度 /（°）	装配间隙 /mm	钝边 /mm	错边 /mm
V 形	70	3.0 ～ 3.5	0.5 ～ 1.0	≤ 0.5

6）工件打磨、焊前预热等措施，可参考第 4 章。

2. 焊接工艺分析、措施与禁忌

（1）忌焊缝根部未焊透 铝合金焊接时，由于焊接过程中母材的收缩，焊缝的间隙很难保持一致，影响焊接电弧的穿透性，从而产生未焊透。

防止措施：焊接过程中为保证根部焊透，应预留装配间隙 3.0 ～ 3.5mm，定位焊为坡口内侧 20 ～ 30mm 以内，定位焊需全焊透。引弧端预留间隙 3.0mm，定位焊长度为 20mm，为避免焊接过程中焊缝收缩对装配间隙的影响，收弧端的装配间隙应大于引弧端装配间隙 0.5 ～ 1.0mm，定位焊焊接长度为 30mm，如图 5-8 所示。

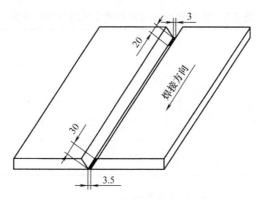

图 5-8　工件装配及定位焊

（2）忌焊缝背面成形不良　由于铝合金的物理化学特性，导致铝合金焊接时很容易因背面氧化而成形不良。

防止措施：采用工装夹紧焊接，为防止焊后变形及焊缝背面成形，将已经定位焊的焊接试板放入焊接工装的垫板上，并用工装夹板与螺栓将试板夹紧，为保证焊接正常进行，试板应紧贴工装垫板，试板装夹如图 5-9 所示。

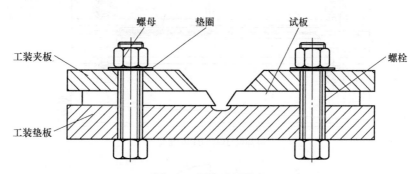

图 5-9　焊接试板装夹

3. 厚板平对接焊接工艺与禁忌

1）忌现场作业环境不合格。由于铝合金焊接对产生气孔较为敏感，故对作业现场的温湿度要求较高，在焊接操作时，要注意避免穿堂风对焊接过程的影响，防止产生焊接气孔。

2）忌焊前清洗打磨不彻底。在工件组装前，要求先采用异丙醇清洗坡口两侧 30mm 表面的油脂、污物等；然后采用风动钢丝轮对焊缝进行抛光、打磨，要求呈亮白色，不允许存在油污和氧化膜等。

3）忌定位焊缝不修磨。对组装过程中的定位焊缝进行修磨，要求将定位焊接头打磨成缓坡状。

4）忌焊前不预热。焊接前采用氧乙炔火焰对焊缝及两侧母材区域进行预热，铝合金的预热温度一般在 80 ～ 120℃；焊接过程中，注意测试焊缝层间温度，层间温度控制在

60 ～ 100℃方可施焊。

5）忌焊接参数选择不合理。合理的焊接参数见表 5-5。

表 5-5　铝合金 10mm V 形坡口平对接焊接参数

层道分布示意图	焊接层次	焊接电流 /A	焊接电流 /V	弧长 /mm	焊丝干伸长 /mm	气体流量 /（L/min）
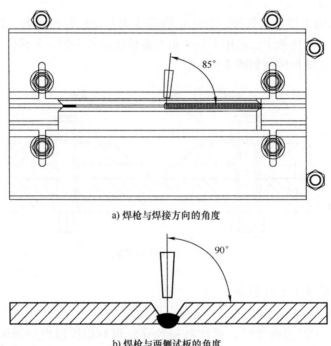	打底层 1	165 ～ 180	18 ～ 20	-2		
	填充层 2	230 ～ 240	24 ～ 25	-4	12 ～ 15	15 ～ 20
	盖面层 3	210 ～ 220	22 ～ 23	0		

4. 铝合金 V 形坡口厚板平对接焊接与禁忌

（1）忌焊枪角度对焊缝的影响　焊接时，焊枪与焊接方向角度为 80° ～ 85°，与两侧试板保持 90°，如图 5-10 所示。

a）焊枪与焊接方向的角度

b）焊枪与两侧试板的角度

图 5-10　焊枪角度

（2）忌起弧操作不规范

1）为保证引弧时的保护效果，引弧前先提前放气 5 ～ 10s。

2）引弧时要注意保持适宜的焊丝干伸长，干伸长过长气体保护效果不好，过短容易产生过烧出现堵丝现象，一般控制在 8 ～ 10mm。

（3）忌焊接操作不规范　铝合金焊接与碳素钢焊接方法不同，采用左向焊接法进行焊接。

1）打底层焊接。

第一，焊接时，焊枪与焊接方向角度控制在 80°～85°，与焊缝两侧试板夹角为 90°，焊接方向自间隙 3mm 端始焊，如图 5-11 所示，焊接参数见表 5-5。

第二，采用直线往返焊接运条方法，连弧法焊接，同时注意根部焊透、熔合良好。

第三，打底层焊缝厚度最好控制在距母材表面以下 5～6mm 为宜，以便填充与盖面焊接，每焊接完一层要彻底将黑灰清理干净。

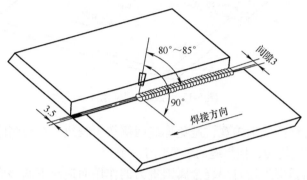

图 5-11　打底层焊枪角度

2）填充层焊接

第一，焊枪与焊接方向角度保持 80°～85°，与焊缝两侧试板夹角为 90°，如图 5-12 所示，采用锯齿形或圆圈焊接运条方法，在坡口两侧稍作停顿。焊接参数见表 5-5。

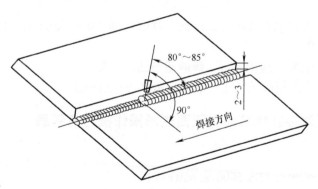

图 5-12　填充层焊枪角度

第二，焊枪作横向摆动或画圆圈时，电弧在坡口两侧要稍作停顿，保证焊缝两侧坡口边充分熔合，以避免产生"夹沟"现象，防止咬边、未熔合、夹渣等焊接缺欠的产生，焊接时应注意观察熔池是否与母材熔合良好，每焊接完一层要彻底将黑灰清理干净。

第三，合理地分布填充层的焊缝厚度，填充层焊接结束时，焊缝表面距母材表面 2～3mm 左右，填充层太厚影响盖面层焊缝焊接，尽可能保证填充层焊缝呈内凹圆弧状，忌电弧熔伤坡口棱边，影响盖面层焊接时焊缝的直线度。

3）盖面层焊接

第一，焊枪与焊接方向角度保持 75°～80°，与焊缝两侧试板夹角为 90°，如图 5-13 所示。采用锯齿形运条方法，在坡口两侧稍作停顿，焊枪作横向摆动时，电弧以熔池边缘超过坡口两条棱边 1 ～ 2mm 为宜，这样能较好地控制焊缝的宽窄，保证焊缝与母材很好地熔合。

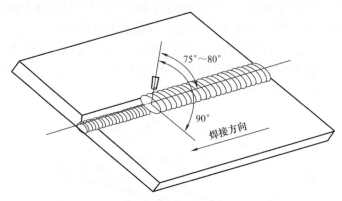

图 5-13　盖面层焊枪角度

第二，为保证焊缝的成形美观，避免焊缝两侧产生咬边，在两侧停顿时应观察熔池是否填满，保持焊接速度均匀，使焊缝的余高趋于一致。

第三，为避免引弧端焊接时焊缝金属因重力的作用而造成下淌形成焊瘤，在引弧位置采用收弧法点焊 2 ～ 3 点，然后再进行连续焊接，收弧时采用反复收弧方法或采用设定收弧程序的方式将弧坑填满。

（4）接头处理　焊缝接头采用直磨机修磨成缓坡状方便接头。

（5）焊后清理　工件焊完后应彻底清除焊缝及工件表面的"黑灰"、熔渣和飞溅。

5. 焊接检验

1）外观检测。正面余高 1.0 ～ 2.5mm，背面余高 2.0 ～ 3.0mm，且焊缝的正面与背面宽窄度在 0.5mm 以内。

2）内部检验。经 X 射线检测后，焊缝质量达到 I 级。

3）断口试验。工件断口无气孔、未熔合和夹渣等超标缺欠。

5.3.2 铝合金厚板对接立焊单面焊双面成形操作技巧与禁忌

1. 焊前准备

1）焊接电源。伏能士 TPS-5000 型 MIG 焊机。

2）工件规格。6082T6 铝合金板 300mm×150mm×10mm，2 件，坡口角度 70°，如图 5-14 所示。

3）焊丝牌号。ER5087，焊丝直径 1.2mm。

4）保护气体。99.999% 氩气。

2. 焊接工艺禁忌

（1）忌装配及定位焊过程不规范

1）用异丙醇将试板表面的油污清洗干净，然后采用风动钢丝轮对坡口进行抛光、打磨，要求呈亮白色，不允许存在油污和氧化膜等。

2）修磨钝边 0.5mm。

3）装配间隙为始端 2mm，终端 3mm。

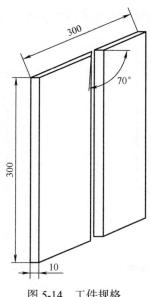

图 5-14　工件规格

4）在工件两端正面坡口内进行定位焊，定位焊缝长度≤15mm，要求单面焊双面成形。

5）将定位焊接头用直磨机修磨成缓坡状。

（2）忌焊接工艺参数选择不恰当

1）焊接工艺参数一定要选择恰当，当焊前调试焊接电流和电弧电压时，应选用与试板板厚、焊接位置和焊接方向相同的条件。

2）将熔滴的过渡形式调至稍偏短路过渡，使焊缝不容易咬边，并减少熔化金属下塌。

3）V 形坡口对接立焊焊接参数见表 5-6。

表 5-6　V 形坡口对接立焊焊接参数

层道分布示意图	焊接层道	焊接电流 /A	电弧电压 /V	气体流量 /（L/min）
	打底层 1	165	23.5	20
	填充层 2	180	24.5	20
	盖面层 3	160	23.5	20

3. 焊接操作技巧

（1）打底层焊接

1）采用立向上焊，板对接立向上焊时，焊枪与焊接方向保持 90°，与焊缝两侧试板夹角为 90°，如图 5-15 所示。

2）控制喷嘴与工件的距离不能超过 5mm（见图 5-15），过短则造成喷嘴与工件刮擦，影响焊缝成形；过长则造成电弧不稳，容易跳弧，从而影响焊缝质量。

3）焊接过程中要特别注意熔池和熔孔的变化，熔池不能太大，并且始终保持熔孔的大小一致。左右摆动的电弧将坡口两侧根部击穿，各边熔化 0.5 ～ 1mm 即可，保持向上移动速度均匀，如图 5-16 所示。

4）焊接时保持电弧的 1/3 应在熔池前端，以保证反面成形不凹陷。

5）为保证正面焊缝与坡口两侧不产生夹沟和反面焊缝不咬边，应采用锯齿形的运条方法，同时两边要稍作停顿。

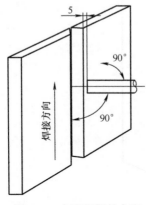

图 5-15　打底层焊枪角度

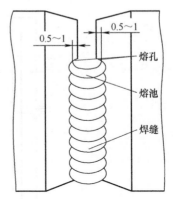

图 5-16　立焊时的熔孔和熔池

（2）填充层焊接

1）焊枪与焊接方向角度保持 75°～80°，与焊缝两侧试板夹角为 90°，如图 5-17 所示。

2）保证焊丝干伸长度为 13mm，如图 5-17 所示。为保证焊缝两侧熔合良好和不产生夹沟，应采用锯齿形的运条方法，焊接时两边稍作停顿，中间过渡稍快些，如图 5-18 所示。

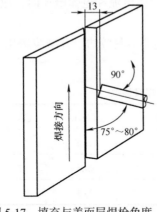

图 5-17　填充与盖面层焊枪角度

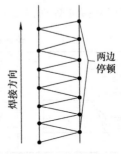

图 5-18　运条方法

3）合理地分布各填充层的焊缝高度，焊完第二道填充层后，确保填充层表面距工件水平面 1～1.5mm，忌熔化坡口的棱边，影响盖面层焊接时焊缝的直线度，并防止盖面层余高过高。

（3）盖面层焊接

1）焊枪与焊接方向角度保持 75°～80°，与焊缝两侧试板夹角为 90°，如图 5-17 所示。

2）保证焊丝干伸长度为 13mm，如图 5-17 所示。为保证焊缝两侧不低于母材和不产生咬边，应采用锯齿形的运条方法，焊接时两边稍作停顿 1s，中间过渡稍快些，如图 5-18 所示。

3）为避免起始端焊接时焊缝金属因重力作用造成下塌，可在起始端横向连续点焊 3～4 点，然后再进行连续焊接。

4. 焊接检验

1）外观检测。正面余高 1.0 ～ 2.5mm，背面余高 2.0 ～ 3.0mm，且焊缝的宽窄度在 0.5mm 以内。

2）内部检测。经 X 射线检测后，焊缝质量达到 I 级。

3）断口试验。工件断口无气孔、未熔合和夹渣等超标缺欠。

5.3.3　铝合金厚板对接横焊单面焊双面成形操作技巧与禁忌

1. 焊前准备

1）焊接电源。伏能士 TPS-5000 型 MIG 焊机。

2）工件规格。6082T6 铝合金板 300mm×150mm×10mm，2 件，坡口角度 70°，如图 5-19 所示。

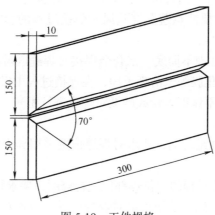

图 5-19　工件规格

3）焊丝牌号。ER5087，焊丝直径 1.2mm。

4）保护气体。高纯氩气（纯度≥ 99.999%）。

5）坡口准备。对接坡口尺寸见表 5-7。

表 5-7　铝合金厚板横对接坡口尺寸

坡口形式	坡口角度 /（°）	装配间隙 /mm	钝边 /mm	错边 /mm
V 形	70	3.0 ～ 3.5	0.5 ～ 1.0	≤ 0.5

2. 焊接工艺分析、禁忌与措施

（1）忌焊缝根部产生未焊透　铝合金焊接时，由于焊接过程中母材的收缩，焊缝的间隙很难保持一致，影响焊接电弧的穿透性，从而产生未焊透。

防止措施：焊接过程中为保证根部焊透，应预留装配间隙 3.0 ～ 3.5mm，工件在组对时采用 3mm 不锈钢板放在工件中间作为装配时预留间隙，对焊缝进行定位焊，定位焊为坡口内侧 20 ～ 30mm 以内，而且必须全焊透。首先，定位焊引弧端预留间隙 3.0mm，定位焊长度为 20mm；为避免焊接过程中焊缝收缩对装配间隙的影响，收弧端的装配间隙应大于引弧端装配间隙 0.5 ～ 1.0mm，定位焊焊缝长度为 30mm，如图 5-20 所示。

（2）忌气孔的产生　由于铝合金的物理特性，所以在铝合金焊接时，气孔的产生是不可避免的，因此必须将气孔控制在合理的范围内。

3. 气孔防止措施

1）焊前预热。焊接前采用氧乙炔火焰对焊缝及两侧母材区域进行预热，铝合金的预热温度一般在80～120℃；焊接过程中，注意测试焊缝层间温度，层间温度控制在60～100℃方可施焊，采用接触式测温仪测试温度。

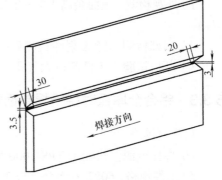

2）焊前采用堆焊方式，将送气管中余气使用完，并对焊缝断口检验合格后，再焊接工件。

图 5-20　工件装配及定位焊

4. 厚板对接横焊工艺与禁忌

（1）现场作业环境　由于铝合金焊接对产生气孔较为敏感，故对现场的温湿度作业要求较高，在焊接操作时，要注意避免穿堂风对焊接过程的影响，从而产生焊接气孔与保护不良。

（2）焊缝区域及表面处理不彻底　铝合金焊接对焊缝区域的表面清洁处理尤为重要，如焊接区域存在的油污、氧化膜等未清理干净，在焊接过程中极易产生气孔，严重影响产品焊接质量。对工件采用风动不锈钢丝轮或砂纸对焊缝进行抛光、打磨，抛光要求呈亮白色，不允许存在油污和氧化膜等。

（3）焊前抛光　在工件组装前，要求对焊缝位置采用异丙醇清洗坡口两侧30mm表面的油脂、污物等。

（4）焊前装配　对组装过程的定位焊部位进行修磨，要求将定位焊接头打磨成缓坡状。

（5）焊前预热　焊前采用氧乙炔火焰对焊缝区域进行预热，铝合金的预热温度一般在80～120℃；焊接过程中，注意测试焊缝层间温度，层间温度控制在60～100℃方可施焊。

（6）焊接参数　合理的焊接参数见表5-8。

表 5-8　10mm 铝合金板 V 形坡口对接横焊焊接参数

层道分布示意图	焊接层次	焊道	焊接电流 /A	电弧电压 /V	弧长修正 /mm	焊丝干伸长 /mm	气体流量 /（L/min）
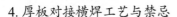	打底层	1	200～210	22～23	-6	12～15	18～20
	填充层	2	220～230	23～24	-8		
		3	230～240	24～25	-6		
	盖面层	4	190～200	20～21	-2	10～12	
		5	180～190	18～19	-1		
		6	180～185	17～18	-3		

5. 铝合金 V 形坡口厚板对接横焊操作与禁忌

（1）忌试板装夹不合理　将定位焊后的焊接试板放入焊接工装的垫板上，并用工装夹板与螺栓将试板夹紧，为保证焊接正常进行，试板应紧贴工装垫板。

（2）忌起弧操作不规范

1）为保证引弧时的保护效果，引弧前先按提前送气5～10s。

2）引弧时要注意保持适宜的焊丝干伸长，干伸长过长气体保护效果不好，过短容易产生过烧出现堵丝现象，一般控制在 12 ～ 15mm。

（3）忌焊接操作不规范　铝合金焊接与碳素钢焊接方法不同，采用左向焊接法进行焊接。

1）打底层焊接。①焊接时，焊枪与焊接方向的角度为 85° 左右，焊枪与下坡口的角度为 80° ～ 85°，如图 5-21 所示。②采用直线往返焊接运条方法，连弧法焊接。电弧匀速移动时，在控制熔孔大小的同时应注意控制熔池的形状，使焊缝与坡口边缘部位过渡平整，避免产生"夹沟"现象，同时及时清理坡口内的飞溅及"黑灰"。③打底层焊缝厚度最好控制在距工件上表面 5 ～ 6mm 为宜，如图 5-21b 所示。

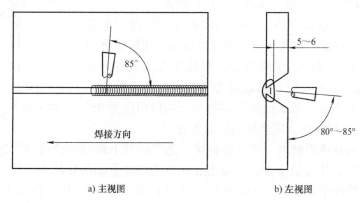

a) 主视图　　　　　　　　b) 左视图

图 5-21　打底层焊枪角度

2）填充层焊接。

第一，焊接第 2 道焊缝时，焊丝指向第 1 道焊缝与下坡口面熔合线位置进行焊接；第 2 道焊缝焊枪角度为 100° 左右（见图 5-22a），采用直线往返或斜圆圈运条方式。

第二，焊接第 3 道焊缝时，焊丝指向第 2 道焊缝与上坡口夹角根部进行焊接，焊接时应注意观察熔池是否与母材熔合良好，每焊接完一道焊缝一定要彻底清除飞溅、熔渣、黑灰，防止未熔合、夹渣等焊接缺欠的产生，第 3 道焊缝焊枪与下坡口角度为 90° 左右，（见图 5-22b），采用直线或直线往返运条方式。

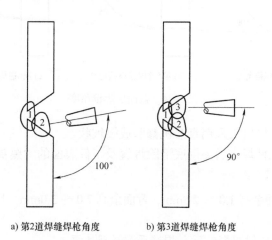

a) 第2道焊缝焊枪角度　　　　b) 第3道焊缝焊枪角度

图 5-22　填充层焊枪角度

第三，合理分布填充层的焊缝厚度，采用快速焊接，填充层焊缝以平整为宜，焊缝表面距试板上表面距离 1 ～ 2mm，如图 5-23 所示。忌电弧熔伤坡口的棱边，影响盖面层焊接时焊缝直线度的控制，并能有效防止盖面层余高过高。

3）盖面层焊接。

第一，焊接第 4 道焊缝时，焊丝指向第 2 道焊缝与下坡口面熔合位置进行焊接，同时控制好熔池的大小，使熔池熔合下坡口母材棱边 1 ～ 1.5mm 为宜，这样能较好地控制焊缝宽窄的一致，以及保证焊缝与试板熔合良好，第 4 道焊缝焊枪角度为 100°，如图 5-24a 所示，采用直线或直线往返运条方式。

第二，焊接第 5 道焊缝时，焊丝指向第 4 道焊缝与上坡口熔合线位置进行焊接，焊接时应注意观察熔池，使熔池下部边缘熔敷在第 4 道焊缝余高的峰线上，焊接速度应稍慢，每焊接完一道焊缝一定要将坡口彻底清理干净，防止未熔合、夹渣等焊接缺欠的产生，第 5 道焊缝焊枪与下坡口角度为 95°（见图 5-24b），采用斜圆圈或直线往返运条方式。

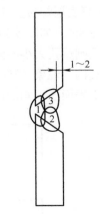

图 5-23　填充层焊缝厚度

第三，焊接第 6 道焊缝时，焊丝指向第 5 道焊缝与上坡口熔合线位置进行焊接，焊接时应注意观察熔池，使熔池下部边缘熔敷在第 5 道焊缝余高的峰线上，焊接速度应稍快，同时保证熔池上部边缘熔敷上坡口棱边 1 ～ 1.5mm，第 6 道焊缝焊枪与下坡口角度为 85°（见图 5-24c），采用直线或直线往返运条方式。

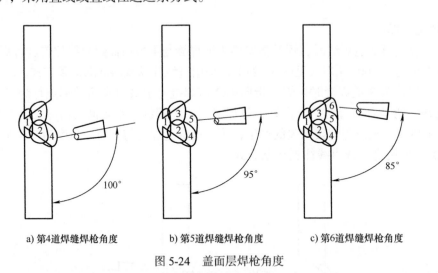

a) 第4道焊缝焊枪角度　　b) 第5道焊缝焊枪角度　　c) 第6道焊缝焊枪角度

图 5-24　盖面层焊枪角度

（4）接头处理　焊缝接头采用直磨机修磨成缓坡状。

（5）焊后清理　工件焊完后要彻底清除焊缝及工件表面的"黑灰"、熔渣和飞溅。

6. 焊接检验

1）外观检测。正面余高 1.0 ～ 2.5mm，背面余高 2.0 ～ 3.0mm，且焊缝的宽窄度在 0.5mm 以内。

2）内部检测。经 X 射线探伤后，焊缝质量达到 I 级。

3）断口试验。工件断口无气孔、未熔合和夹渣等超标缺欠。

5.3.4　铝合金板 T 形接头平角焊操作技巧与禁忌

1. 焊前准备

1）焊接电源。伏能士 TPS-5000 型 MIG 焊机。

2）工件规格。6082T6 铝合金板 300mm×100mm×10mm，2 件，如图 5-25 所示。

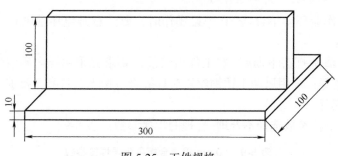

图 5-25　工件规格

3）焊丝牌号。ER5087，焊丝直径 1.2mm。

4）保护气体。高纯氩气（纯度 ≥ 99.999%）。

2. 焊接工艺分析、措施与禁忌

（1）忌试板角变形过大

防止措施：

1）由于铝合金具有线膨胀系数大、热导率大等物理性能，所以在焊接时若采用较大的焊接参数，则容易产生较大的焊接变形。

2）焊接过程中为保证焊缝无装配间隙，工件在组对时首先在引弧端背面进行定位焊，然后采用 F 夹将工件夹紧后再对收弧端背面进行定位焊，定位焊长度为 20mm，如图 5-26 所示。

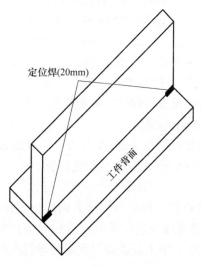

图 5-26　工件装配及定位焊

3）设置反变形。工件装配及定位焊后，在焊接反方向预留反变形 2°～3°，以控制其焊接角变形。

（2）忌根部有气孔　由于铝合金的物理特性，在铝合金焊接时，气孔的产生是不可避免的，而平角焊最易产生气孔的部位是焊缝。

防止措施：打底焊时，尽量采用快速焊，使气体来不及聚集，此外焊接过程中要进行一定的摆动，使部分气体从熔池中逸出来，从而减少气孔的产生。

3. 铝合金板 T 形接头平角焊操作与禁忌

（1）忌现场作业环境不合格　在焊接操作时，要注意避免穿堂风对焊接过程的影响，防止产生焊接气孔。

（2）忌焊前清洗打磨不彻底　在工件组装前，要求先采用异丙醇清洗坡口两侧 30mm 表面的油脂、污物等；采用风动不锈钢丝轮对焊缝进行抛光、打磨，要求呈亮白色，不允许存在油污和氧化膜等。

（3）忌焊接工艺参数选择不合理　合理的焊接参数见表 5-9。

表 5-9　10mm 铝合金板平角焊焊接参数

层道分布示意图	焊接层次	焊接电流/A	电弧电压/V	修正弧长/mm	焊丝干伸长/mm	气体流量/（L/min）
	打底层 1	250～260	25～27	-6	12～15	15～20
	盖面层 2	230～240	24～25	-1		
	盖面层 3	210～220	22～23	0		

（4）忌焊接操作不规范　规范操作如下。

1）打底层焊接。

第一，焊接角度。打底层焊接时，焊枪与焊接方向呈 75°～80°，焊枪与试板角度保持在 50°，如图 5-27 所示。

第二，引弧前先提前送气 5～10s；调整焊丝伸出长度为 8～10mm。

第三，焊接时，应始终保持熔池在焊缝前端，以保证角焊缝的熔深。忌熔池位于电弧前端导致未熔合缺欠。

第四，采用直线往返形运条方式，连弧法焊接，同时注意根部焊透、熔合良好。

第五，焊缝接头时，在收弧处打磨 10mm 左右（见图 5-28），然后再进行接头。当运条至根部位置时，应稍微压低电弧进行焊接，避免接头产生气孔。焊接至收弧时迅速采用直线往返形运条方式焊接 5～10mm 收弧。

第六，打底层焊缝厚度最好控制在 3mm 左右为宜，以便盖面焊接。

第七，打底焊焊完后，应彻底将"黑灰"清理干净。

2）盖面层焊接。

第一，盖面层第 1 道焊缝焊接。焊枪与焊接方向的角度保持 75°～80°，与试板夹角为 60°～65°（见图 5-29），采用直线往返运条方式进行焊接。为保证焊缝的外观成形美观，避免焊缝出现夹沟、单边及咬边，第 1 道盖面焊缝应覆盖打底焊缝大部分，只留下 1/3 左右，如图 5-30 所示。

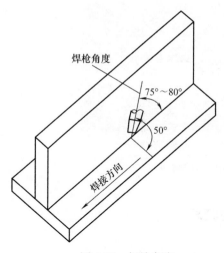

图 5-27　焊枪角度

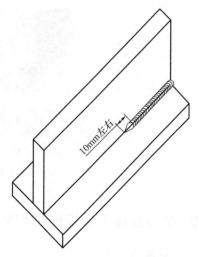

图 5-28　焊缝接头打磨

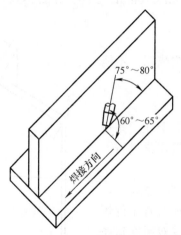

图 5-29　盖面层第 1 道焊枪角度

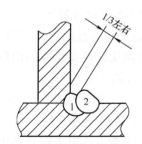

图 5-30　盖面层第 1 道焊缝成形

第二，盖面层第 2 道。焊枪与焊接方向的角度保持 75°～80°，与试板夹角为 50°，采用直线往返运条方式进行焊接。

第三，为避免引弧端焊接时焊缝金属因重力的作用造成下淌形成焊瘤，在引弧位置采用收弧法点焊 2～3 点，然后再进行连续焊接，收弧时采用反复收弧方法或采用设定收弧程序的方式将弧坑填满。

3）接头处理。角接接头根部容易产生气孔，因此装配时应将根部间隙控制在 1mm 以内。

4）焊后清理。工件焊完后要彻底清除焊缝及工件表面的"黑灰"、熔渣和飞溅。

4. 焊后检查

1）外观检测。工件焊脚 a 值为 7～8mm，焊脚单边≤1mm。

2）内部检验。焊缝宏观金相达到相关技术要求，工件断口无超标焊接缺欠，符合 GB/T 22087—2008《铝及铝合金的弧焊接头 缺欠质量分级指南》B 级检验标准，如图 5-31 所示。

 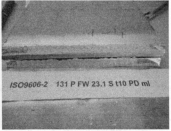

a) 宏观金相　　　　　　　　　b) 断口检验

图 5-31　宏观金相与断口检验

5.3.5　铝合金板 T 形接头立角焊操作技巧与禁忌

1. 焊前准备

1）焊接电源。伏能士 TPS-5000 型 MIG 焊机。

2）工件规格。6082T6 铝合金板 300mm×100mm×10mm，2 件，如图 5-32 所示。

3）焊丝牌号。ER5087，焊丝直径 1.2mm。

4）保护气体。高纯氩气（纯度 ≥ 99.999%）。

5）辅助工具。角磨机（配装千叶片为宜）、尖嘴钳、不锈钢丝刷等。

2. 焊接工艺分析与禁忌

（1）忌障碍引起的操作不当　焊接过程中，双手在运条过程中是否协调比较重要，如果出现障碍将影响焊接正常进行，导致焊接缺欠的产生。

防止措施：施焊前应进行一次在不引弧情况下的"试焊"。"试焊"时，必须头戴面罩，双手平端焊枪，喷嘴对着工件焊缝按设想的运条方式由工件底部向上移动，以感受双手在运条过程中是否协调，同时可以检测枪缆是否移动自如，以及检验操作者与工件的距离是否合适。

（2）忌焊缝表面凸起　由于铝合金焊接是有色金属焊接，导热系数大，采用的焊接工艺参数比较大，因此容易形成焊缝表面凸起。

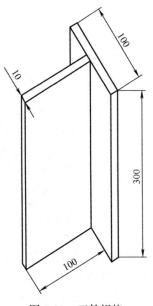

图 5-32　工件规格

防止措施：采用锯齿形或八字形运条方式，焊枪摆动的幅度为焊丝摆到打底层焊缝两侧的焊趾处，且摆幅要一致。摆动时，焊缝中间过渡要快，两侧稍作停顿，以避免焊缝表面凸起。

3. 铝合金板 T 形接头立角焊操作与禁忌

（1）忌工件焊前清洗打磨不彻底　在工件组装前，要求先采用异丙醇清洗坡口两侧 30mm 表面的油脂、污物等；采用风动不锈钢丝轮对焊缝进行抛光、打磨，要求呈亮白色，不允许存在油污和氧化膜等。

（2）忌工件装配不合格　工件装配间隙为 0 ～ 1mm，两块试板应相互垂直。在两端分别进行定位焊，定位焊焊脚尺寸如图 5-33a 所示，长度为 10 ～ 15mm，定位焊位置如图 5-33b

所示。将定位焊缝修磨成缓坡状，这样有利于打底层焊缝与定位焊焊缝的接头熔合良好。

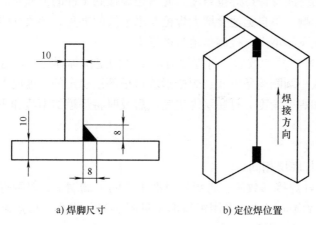

a) 焊脚尺寸　　　　　b) 定位焊位置

图 5-33　定位焊尺寸和位置

（3）忌焊接参数不合理　合理的焊接参数见表 5-10。

表 5-10　铝合金板 T 形接头立角焊焊接参数

层道分布示意图	焊接层次	焊丝直径 /mm	焊接电流 /A	电弧电压 /V	气体流量 / (L/min)
	打底层 1	1.2	210 ～ 250	25.1 ～ 26.4	18 ～ 20
	盖面层 2	1.2	165 ～ 195	23.5 ～ 24.6	18 ～ 20

4. 铝合金板 T 形接头立角焊操作技巧

（1）打底层焊接　将装配好的工件固定在焊接台位上，放置的高度应根据个人选择或蹲或站的方式来进行确定。施焊前应使焊枪电缆趋于平直或较大弧度状态。忌焊枪电缆弯曲半径太小，否则会增加焊丝在软管中的阻力，造成送丝不均匀，从而影响电弧的稳定性。

1）持枪姿态。立向上焊时，以双手平端焊枪为宜，右手应横握焊枪，食指放置在焊枪焊接开关上；左手虚握枪颈，左手的食指置于枪颈下部，如图 5-34 所示。

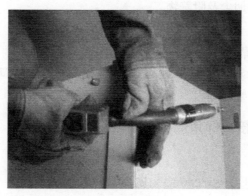

图 5-34　持枪姿态

2）焊枪角度。焊枪与工件的立板呈45°夹角,与焊接方向呈80°左右夹角,如图5-35所示。在焊接过程中,应始终注意保持焊枪角度,尤其是焊接到工件的上部时,操作者为减少喷嘴对熔池形状观察的影响,不自觉地会增大焊枪与水平线的夹角,导致气体对熔池的保护效果减弱,从而造成焊接飞溅增多,控制熔池难度增大。

3）施焊。调节好焊接参数后,将焊丝对准工件的定位焊焊缝,轻触焊枪开关。引燃电弧后采用直线停顿或小圆圈运条方式,焊枪沿坡口根部以稳定的速度向上移动。焊接时要严格控制喷嘴的高度和焊枪角度。打底层焊接完成后及时将焊道的熔渣和飞溅清理干净,同时清除喷嘴上的飞溅。

（2）盖面层焊接

1）焊枪角度与打底层相同。

2）施焊。调节好焊接参数后,将焊丝对准工件的下端端头,轻触焊枪开关。引燃电弧后焊枪沿坡口两侧做横向摆动,采用锯齿形（见图5-36）或八字形运条方式,收弧时应将弧坑填满,防止产生弧坑裂纹、缩孔缺欠。

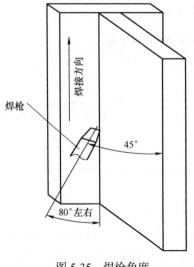

图 5-35　焊枪角度

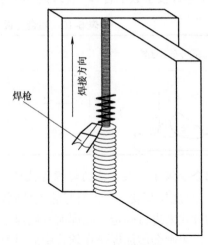

图 5-36　锯齿形运条方式

（3）焊缝清理　工件焊完后用扁铲和手锤去除焊缝周围的熔渣和飞溅,用不锈钢钢丝刷去除焊缝及焊缝两侧的烟尘及附着物。

5.焊后检查

1）外观检测。工件焊脚 a 值为 7 ~ 8mm,焊脚单边 ≤ 1mm。

2）内部检验。焊缝宏观金相达到相关技术要求,工件断口无超标焊接缺欠,符合GB/T 22087—2008B级检验标准。

5.3.6　铝合金板T形接头仰角焊操作技巧与禁忌

1.焊前准备

1）焊接电源。伏能士 TPS-5000 型 MIG 焊机。

2）工件规格。6082T6 铝合金板 300mm × 100mm × 10mm,2 件,如图 5-37 所示。

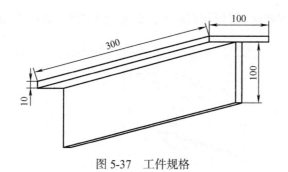

图 5-37　工件规格

3）焊丝牌号。ER5087，焊丝直径 1.2mm。

4）保护气体。高纯氩气（纯度≥99.999%）。

2. 焊接工艺分析与禁忌

（1）忌气孔的产生　由于铝合金的物理特性，在铝合金焊接时，气孔的产生是不可避免的，因此必须将气孔控制在合理范围。

防止措施：为减少未熔合与气孔的产生，焊前采用氧乙炔火焰对焊缝区域进行预热，铝合金的预热温度一般在 80 ～ 120℃；焊接过程中，注意测量焊缝层间温度，层间温度控制在 60 ～ 100℃之间。此外，焊接时要保证没有"穿堂风"。

（2）忌焊缝根部熔深不足　由于铝合金焊接是有色金属焊接，导热快，因此焊接时热量损失较快，易造成根部熔深不足。

防止措施：焊前预热，焊接时，控制好焊枪角度，并使焊接电弧处于熔池前面，使焊材与焊缝根部有良好的接触。

3. 铝合金板 T 形接头仰角焊技巧与禁忌

（1）忌焊前清洗打磨不彻底　在工件组装前，要求先采用异丙醇清洗坡口两侧 30mm 表面的油脂、污物等；采用风动不锈钢丝轮对焊缝进行抛光、打磨，要求呈亮白色，不允许存在油污和氧化膜等。

（2）忌工件装配不合格　工件装配间隙为 0 ～ 1mm，两块试板应相互垂直。在两端分别进行定位焊，长度为 10 ～ 15mm，将定位焊缝修磨成缓坡状，这样有利于打底层焊缝与定位焊焊缝的接头良好熔合。

（3）忌焊接参数不合理　合理的焊接参数见表 5-11。

表 5-11　铝合金板 T 形接头仰角焊焊接参数

层道分布示意图	焊接层次	焊丝直径 /mm	焊接电流 /A	电弧电压 /V	气体流量 /（L/min）
	打底层 1	1.2	210 ～ 250	25.1 ～ 26.4	18 ～ 20
	盖面层 2	1.2	190 ～ 230	24.5 ～ 25.5	18 ～ 20
	盖面层 3	1.2	190 ～ 230	24.5 ～ 25.5	18 ～ 20

（4）铝合金板 T 形接头仰角焊操作技巧

1）打底层焊接。

第一，焊枪角度。焊接时，焊枪与焊接方向的角度为 75°～80°，与立板保持 45° 左右夹角，如图 5-38 所示。

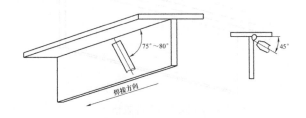

图 5-38　焊枪角度

第二，引弧前先提前放气 5～10s；调整焊丝伸出长度为 8～10mm。

第三，焊接时，应始终保持熔池在焊缝前端，以保证角焊缝的熔深。忌熔池位于电弧前端造成未熔合缺欠。

第四，采用直线往返形运条方式，连弧法焊接，同时注意根部焊透、熔合良好。

第五，焊接焊缝接头时，先在收弧处打磨 10mm 左右，然后进行接头，当运条至根部位置时，应稍微压低电弧进行焊接，避免接头处产生气孔。焊接至收弧位置时迅速采用直线往返运条方式焊接 5～10mm 收弧。

第六，打底层焊缝厚度最好控制在 3～4mm，以便盖面层焊接。

第七，打底层焊完后，要彻底将焊缝"黑灰"清理干净。

2）盖面层焊接。

第一，盖面层第 1 道焊缝焊接。焊枪与焊接方向的角度保持 80° 左右，与底板夹角为 30° 左右（见图 5-39），采用直线往返运条方式进行焊接；为保证焊缝的外观成形美观，避免焊缝出现夹沟、单边及咬边，第 1 道盖面焊应覆盖大部分打底层焊缝，只留下 1/3 左右。

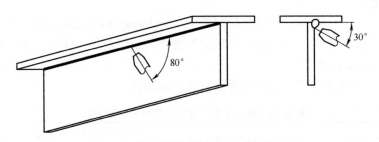

图 5-39　盖面层第 1 道焊缝焊接焊枪角度

第二，盖面层第 2 道焊缝焊接。焊枪与焊接方向角度保持 80° 左右，与底板夹角为 55° 左右，采用直线往返运条方式进行焊接，如图 5-40 所示。

第三，为避免引弧端焊接时焊缝金属因重力的作用造成下淌形成焊瘤，先在引弧位置采用收弧法点焊 2～3 点，然后再进行连续焊接，收弧时采用反复收弧方法或采用设定收弧程序的方式将弧坑填满。

第五，工件焊完后要彻底清除焊缝及工件表面的"黑灰"、熔渣和飞溅。

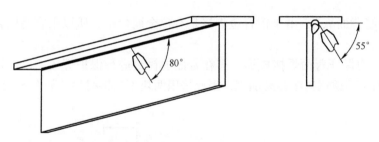

图 5-40　盖面层第 2 道焊缝焊接焊枪角度

4.焊后检查

1）外观检测。工件焊脚 a 值为 7 ～ 8mm 之间，焊脚单边≤ 1mm。

2）内部检验。焊缝宏观金相达到相关技术要求，工件断口无超标焊接缺欠，符合 ISO10042-B 级检验标准。

5.3.7　铝合金管对接焊单面焊双面成形操作技巧与禁忌

1.焊前准备

1）焊接电源。伏能士 TPS-5000 型 MIG 焊机。

2）工件规格。5083T6 铝合金管 D90mm×t10mm，L=100mm，2 件，坡口角度 70°，如图 5-41 所示。

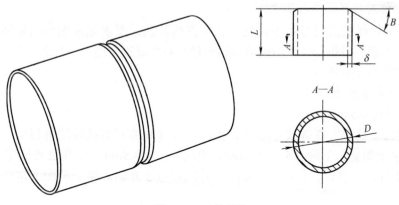

图 5-41　工件规格

3）焊丝牌号。ER5087，焊丝直径 1.2mm。

4）保护气体。高纯氩气（纯度≥ 99.999%）。

2.焊接工艺分析与禁忌

（1）忌气孔的产生　由于铝合金的物理特性，在铝合金焊接时，气孔的产生是不可避免的，因此必须将气孔控制在合理范围。

防止措施：为减少未熔合与气孔的产生，焊前采用氧乙炔火焰对焊缝区域进行预热，铝合金的预热温度一般在 80 ～ 120℃；焊接过程中，注意测量焊缝层间温度，层间温度控制在 60 ～ 100℃之间。此外，焊接时要保证没有"穿堂风"。

（2）忌焊缝背面氧化 由于铝合金焊接是有色金属焊接，所以很容易因背面氧化而使成形不良。

防止措施：为保证背面焊接成形，需在背面加衬垫进行保护焊接，一般衬垫材质为陶瓷或不锈钢。由于不锈钢衬垫容易加工，因此采用两块不锈钢衬垫，如图5-42所示。

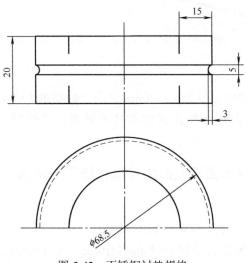

图 5-42　不锈钢衬垫规格

3. 铝合金管对接焊操作与禁忌

（1）忌工件焊前清洗打磨不彻底　在工件组装前，要求先采用异丙醇清洗坡口两侧30mm表面的油脂、污物等；采用风动不锈钢丝轮对焊缝进行抛光、打磨，要求呈亮白色，不允许存在油污和氧化膜等。

（2）忌工件装配不合格

1）修磨钝边0.5mm。

2）装配与定位焊。在焊接过程中，为防止焊缝收缩对焊接间隙的影响，焊缝的装配间隙应下端窄上端宽，下端3.5～4.0mm，上端4.0～4.5mm；采用2点固定，分别在焊点1、焊点2进行定位焊，长度为20mm，并从焊点3开始焊接。装配及定位焊如图5-43所示。

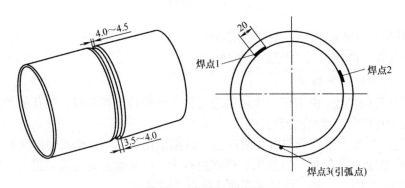

图 5-43　装配及定位焊

3）将定位焊接头用直磨机修磨成缓坡状。

（3）忌焊接参数不合理 焊接参数的选择一定要恰当，应保证全位置焊接能正常进行。合理的焊接参数见表 5-12。

表 5-12　铝合金管对接焊接工艺参数

层道分布示意图	焊接层次	焊丝直径 /mm	焊接电流 /A	电弧电压 /V	气体流量 / (L/min)
	打底层 1	1.2	155～185	23.2～24.5	18～20
	填充层 2	1.2	145～175	22.6～24	18～20
	盖面层 3	1.2	145～175	22.6～24	18～20

（4）铝合金管对接焊接操作技巧

1）打底层焊接。

第一，焊枪与焊接方向的角度随着焊接位置的变化控制在 75°～90° 之间，与工件的夹角始终为 90°，如图 5-44 所示。

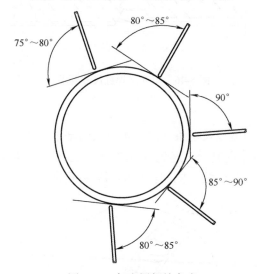

图 5-44　打底层焊枪角度

第二，从 6：30 位置开始引弧分别对两个半圈进行焊接，采用直线停顿的焊接方式运条。

2）填充层焊接。

第一，焊枪与焊接方向的角度随着焊接位置的变化控制在 80°～90°，与工件夹角为 90°，采用锯齿形运条方式，如图 5-45 所示。

第二，为防止在焊缝两侧出现未熔合现象，焊接时应注意观察熔池是否与坡口两侧熔合良好，应在两侧稍作停顿，并保持焊枪的角度。

第三，填充层焊接时，应控制好焊缝的厚度，填充层焊完后应距工件表面 1～1.5mm，焊缝的凸度应控制在 1mm 左右，忌熔化坡口的棱边，如图 5-46 所示。这样不仅便于盖面层焊接时控制焊缝的直线度，还可防止盖面层余高过高。

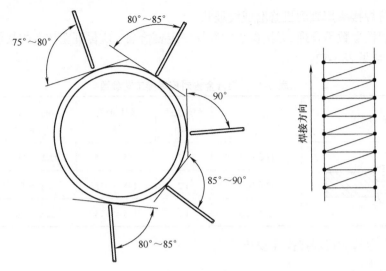

图 5-45　填充层的焊枪角度与运条方法

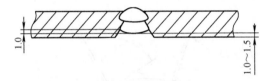

图 5-46　填充层焊缝尺寸要求

3）盖面层焊接。

第一，盖面焊的焊枪角度以及运条方式与填充层的基本一致。

第二，为保证焊缝的外观成形，避免焊缝两侧产生咬边，焊条运条至坡口两侧边缘时应稍作停顿（见图 5-47），待焊缝两侧的坡口填满后再正常焊接。

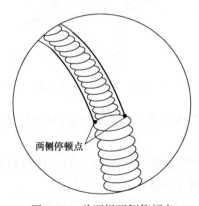

图 5-47　盖面焊两侧停顿点

第三，为了保证焊缝表面平整，在往前运条时应均匀，左右运条时中间速度稍快些。

第四，为避免焊接时焊缝金属因重力的作用下淌形成焊瘤，在焊接过程中要控制熔池始终沿着焊枪的方向前进，以保证焊缝的外观成形。

4）收弧。收弧时若采用立即拉断电弧收弧，会形成低于工件表面的弧坑，容易产生热裂纹，影响焊缝质量，常用反复收弧→引弧法进行收弧。

4. 焊接检验

1）外观检测。正面余高≤ 3.0mm，背面余高≤ 1.0mm，管内能够顺利通球，且焊缝的宽窄度在 0.5mm 以内。

2）内部检验。经 X 射线检测后，焊缝质量达到 I 级。

3）断口试验。工件断口无气孔、未熔合和夹渣等超标缺欠。

5.3.8　铝合金管 – 板骑座式水平固定焊操作技巧与禁忌

1. 焊前准备

1）焊接电源。伏能士 TPS-5000 型 MIG 焊机。

2）工件规格。5083T6 铝合金管 D50mm×t4mm，L=100mm，坡口角度 50°，1 件；6082T6 铝合金板 100mm × 100mm × 10mm，中间开 ϕ42mm 孔，1 件，如图 5-48 所示。

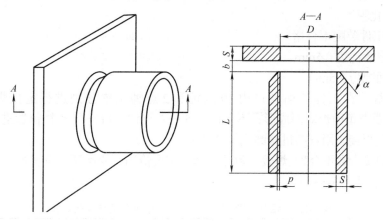

图 5-48　工件规格

3）焊丝牌号。ER5087，焊丝直径 1.2mm。

4）保护气体。高纯氩（纯度≥ 99.999%）。

2. 焊接工艺分析、措施与禁忌

（1）忌根部有气孔　由于铝合的物理特性，所以在铝合金焊接时气孔的产生是不可避免的，而平角焊最易产生气孔的部位是焊缝。

防止措施：打底焊时，尽量采用快速焊，使气体来不及聚集，此外焊接过程中要进行一定的摆动，使部分气体从熔池中逸出来，从而减少气孔的产生。

（2）忌爬坡焊缝下跨凸起　焊接爬坡焊和平角焊位置时，由于位置变化较大，因此很容易造成焊缝下跨凸起。

防止措施：焊接爬坡焊和平角焊位置时为保证焊缝熔合良好且焊缝金属不下跨，焊接左半圈焊缝时采用逆时针斜圆圈的运条方式，焊接右半圈焊缝时采用顺时针斜圆圈的运条方式。为保证靠近板侧焊缝金属熔合良好、饱满且不咬边，采取的措施是运条至靠近板侧时稍作停顿，如图 5-49 所示。

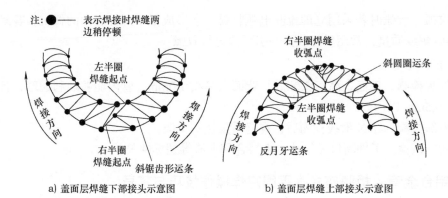

图 5-49 盖面层焊接

3. 铝合金管 - 板骑座式水平固定焊操作与禁忌

（1）忌焊前清洗打磨不彻底　在工件组装前，要求先采用异丙醇清洗坡口两侧 30mm 表面的油脂、污物等；采用风动不锈钢丝轮对焊缝进行抛光、打磨，要求呈亮白色，不允许存在油污和氧化膜等。

（2）忌工件装配不合格

1）工件修磨钝边 0.5mm。

2）装配间隙为 2.5mm。

3）定位焊。在工件正面坡口内 10 点钟和 2 点钟位置分别进行定位焊，定位焊长度≤ 10mm，要求单面焊双面成形；不允许在 5 ～ 7 点钟、11 ～ 1 点钟位置进行定位焊。

4）将定位焊接头用直磨机修磨成缓坡状。

（3）忌焊接参数不合理　焊接参数的选择一定要恰当，要保证全位置焊接能正常进行。合理的焊接参数见表 5-13。

表 5-13　铝合金管 - 板（骑座式）水平固定焊焊接参数

层道分布示意图	焊接层次	焊丝直径 /mm	焊接电流 /A	电弧电压 /V	气体流量 /（L/min）
	打底层 1	1.2	170 ～ 200	23.7 ～ 24.8	18 ～ 20
	盖面层 2	1.2	175 ～ 205	24 ～ 24.9	18 ～ 20

（4）铝合金管 - 板骑座式水平固定焊操作技巧

1）打底层焊接。

第一，焊枪与焊接方向角度保持 90°（见图 5-50），与试板夹角为 40°，如图 5-51 所示。

第二，从 6 点钟位置开始引弧，分别分两个半圈进行焊接，采用直线停顿运条方式进行打底层焊接。

2）盖面层焊接。

第一，焊枪与焊接方向角度保持 75° ～ 80°，如图 5-52 所示。与试板夹角为 45°，如图 5-53 所示。

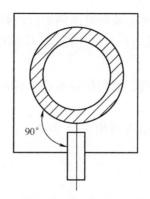

图 5-50　打底层焊枪与焊接方向的角度

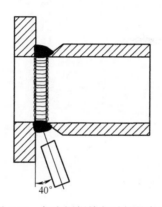

图 5-51　打底层焊枪与试板的角度

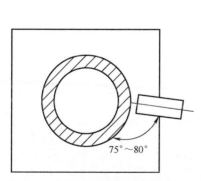

图 5-52　盖面层焊枪与焊接方向的角度

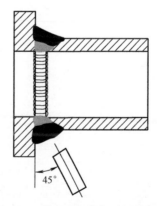

图 5-53　盖面层焊枪与试板的角度

第二，从 6 点钟位置开始引弧，分别分两个半圈进行焊接，采用连弧焊焊接。

第三，为保证两半圈焊缝的接头熔合良好且成形美观，如图 5-49 所示进行接头焊接。

第四，焊接仰角焊位置时，为保证焊缝熔合良好且焊缝金属不下淌，焊接左半圈焊缝时采用顺时针斜锯齿形的运条方式，焊接右半圈焊缝时采用逆时针斜锯齿形的运条方式。为保证靠管侧焊缝金属熔合良好且不咬边，采取的措施是运条至靠管侧时稍作停顿。

第五，焊接立角焊位置时，为保证焊缝两侧熔合较好，不产生夹沟，使焊缝平整，应采用反月牙的运条方式焊接，焊接时两边稍作停顿、中间过渡稍快。

4. 焊接检验

1）外观检测。焊缝背面仰角焊，立角焊位置成形不低于母材，平角焊位置成形不超高，焊缝宽窄一致。

2）内部检验。焊缝宏观金相达到相关技术要求，工件断口无超标焊接缺欠，符合GB/T 22087—2008B级检验标准。

第6章
铝合金机器人焊接操作技巧与禁忌

6.1　焊接机器人介绍

随着电子技术、计算机技术、数控及机器人技术的发展，自动焊接机器人技术已日益成熟，主要有以下优点。

1）稳定和提高焊接质量，能将焊接质量以数值的形式反映出来。

2）提高劳动生产率。

3）改善工人劳动强度，可在有害环境下工作。

4）降低对工人操作技能的要求。

5）缩短产品转型换代的准备周期，减少相应的设备投资。

因此，焊接机器人在各行各业已得到了广泛的应用。

焊接机器人主要包括机器人和焊接设备两部分。机器人由机器人本体和控制柜（硬件及软件）组成。而焊接设备，以弧焊、电阻点焊为例，则由焊接电源（包括其控制系统）、送丝机（弧焊）、焊枪（钳）等部分组成。对于智能机器人还配有传感系统，如激光或摄像传感器及其控制装置等。

6.2　铝合金机器人焊接操作基本工艺

6.2.1　焊接环境

铝合金的机器人焊接环境必须防尘、防水、干燥。环境温度通常控制在5℃以上，湿度控制在60%以下。应尽量保证焊接环境的湿度不能太高，否则会使焊缝中气孔的产生概率明显增加，从而影响焊接质量。空气的剧烈流动会引起气体保护不充分，从而产生气孔，可设置挡风板以避免室内"穿堂风"的影响。

6.2.2　焊接装配

1）铝合金工件自动焊装配时，由于不能采用工装等夹具进行固定，所以为防止焊接过程中产生焊缝错边，可采取在焊缝背面进行定位焊的措施。定位焊时可采用手工MIG焊焊接，定位焊的长度为50～80mm，间距为500mm。

2）对于单面焊双面成形的铝合金工件焊接时，可采用不锈钢夹具作为保护焊缝背面成形的方法，还可以采用带沟槽的陶瓷垫板作为保护焊缝背面成形的方法。采用不锈钢夹具（见图 6-1）时既可以增加焊缝背面的气体保护，使工件的背面焊缝成形得到保证，又可以利用夹具的刚性固定，有效地控制工件的焊接变形。采用陶瓷衬垫（见图 6-2）作为保护焊缝背面成形的方法时，由于陶瓷不导电，焊接时易造成断弧或跳弧，使焊缝产生缺欠，所以焊接时速度稍慢些使熔池位于焊丝的前端，焊接时若没有刚性固定，焊接前应适当给工件预制反变形。

图 6-1　工件与不锈钢夹具的装配

图 6-2　陶瓷衬垫

3）在铝合金焊接生产中，对于全焊透的焊缝主要采用材料为铝合金永久性焊接衬垫（见图 6-3）来保证焊缝接头质量。

6.2.3　工装夹具

1）在进行铝合金焊接时，要在最短的时间获取综合性能好、质量高的焊缝，工装夹具是一个重要的因素。合适的工装夹具，可以确保装配质量，减小焊接变形，提升焊接效率。工装夹具的设计应保证在焊接时夹持力均匀、焊枪有很好的可达性，以及夹具拆卸方便。工装夹具的设计应遵循简单适用的原则。

图 6-3　铝合金永久性焊接衬垫

2）由于铝合金的热导率比碳素钢大数倍，且具有线膨胀系数大、熔点低和电导率高等物理特性，焊接母材本身存在刚性不足，在焊接过程中易产生较大的焊接变形，如果不采用焊接工装夹紧在刚性固定状态下进行焊接，在焊接过程中很容易产生弯曲变形或角变形，从而影响正常焊接。对于工件焊接采用的不锈钢工装夹具，如图 6-4 所示。

a) 俯视图

b) 主视图

图 6-4　不锈钢工装夹具

6.2.4　焊接预热

当板厚≥ 8mm 时，焊接前应采用氧乙炔火焰对焊缝及两侧母材进行预热，铝合金的预热温度一般在 80 ～ 120℃，焊接过程中，注意测量并控制焊缝层间温度 60 ～ 100℃。

6.2.5　焊接参数的选择

1）焊接电流的选择应合适，若电流过大，则焊缝余高增大，熔深加大，工件易烧穿，易产生咬边，焊脚偏大；反之，则焊缝余高减小，熔深变小，易导致熔深不足，焊脚偏小。

2）电弧电压的选择应与焊接电流相匹配，电压变大，焊接热输入增大，焊丝熔化速度变快，熔宽变宽，焊缝高度易低于母材；反之，则焊缝余高增大，熔宽变小，焊缝易产生未熔合，造成焊缝成形不良。

3）出现焊偏可能是焊接位置不正确或焊枪寻位时出现问题造成的。这时应考虑 TCP 焊枪中心位置是否准确，并加以调整。如果频繁出现这种情况就要检查一下机器人各轴的零位，重新校零予以修正。

4）出现咬边一般是由于大电流，高速焊或电压过大、焊枪角度或焊枪位置不准确造成的。可适当调整功率的大小来改变焊接参数，并调整焊枪的姿态以及焊枪与工件的相对位置。

5）当现场环境温、湿度及表面清理符合要求时，出现气孔一般是由于焊丝干伸长过长（应保持在 10 ～ 12mm）、保护气体流量过小或过大（保持在 20L/min 左右）、喷嘴被飞溅物堵塞等造成的。

6）飞溅过多一般是由于焊接参数选择不当、气体成分或焊丝干伸长太长造成的，可适当调整功率的大小来改变焊接参数，并选用符合要求的保护气体，调整焊枪与工件的相对位置。

7）焊缝结尾处冷却后形成收弧弧坑，编程时在工作程序中添加收弧功能，以填满弧坑。

8）出现焊穿一般是由于电流过大、焊接速度过小、坡口尺寸及装配间隙过大造成的。

9）对组装过程中的定位焊部位应进行修磨，要求将定位焊接头修磨成缓坡状。

6.2.6　焊接编程技巧

以 jgm 机器人为例。焊接程序包括新建、调用、激活、存储和删除。

（1）程序的新建　F3（新建）→输入文件名（123）→确认，如图 6-5 所示。

图 6-5　新建程序步骤示意

（2）程序的调用 F7（程序）→选择介质（F2 硬盘、F3 软盘）→选择想要的程序→装入至内存，如图 6-6 所示。

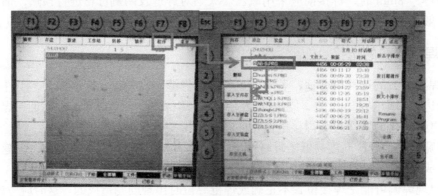

图 6-6 程序调用步骤

（3）程序的激活 只有内存中的程序才能被激活：F7（程序）→ F1（内存）→选择程序→激活，如图 6-7 所示。

图 6-7 程序激活步骤

（4）程序的存储

1）F2（存盘），则当前激活的程序及其库程序被存入到硬盘。

2）F7（程序）→ 选择介质（F1 内存、F2 硬盘、F3 软盘）→选择程序→存入至硬盘或存入至软盘，如图 6-8 所示。

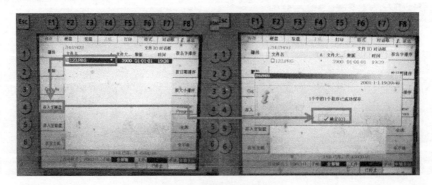

图 6-8 程序存储步骤

（5）程序的删除　F7（程序）→选择介质（F1 内存、F2 硬盘、F3 软盘）→选择程序→删除，如图 6-9 所示。

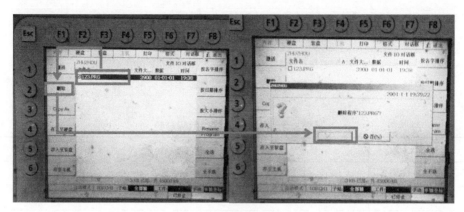

图 6-9　程序删除步骤

6.2.7　焊接操作技巧

1. 示教器编程

（1）直线焊缝编程及直线摆动焊缝编程

1）直线焊缝编程如图 6-10 所示，编程参数见表 6-1。

将机器人移动至所需位置，转换步点类型，输入或选定必要的参数内容，通过 ADD 键显示当前步点。

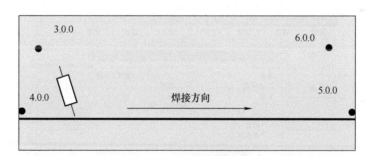

图 6-10　直线焊缝编程

表 6-1　直线焊缝编程参数

顺序号	步点号	类型	扩展	备注
1	3.0.0	空步 + 非线形	无	
2	4.0.0	空步 + 非线形	无	焊缝起始点
3	5.0.0	工作步 + 线形	无	焊缝目标点
4	6.0.0	空步 + 非线形	无	离开焊缝

2）直线摆动编程。摆动是指焊接过程中，在保证沿焊缝方向的设定走行速度的前提下，

焊枪在所编制的二个至四个摆动点之间摆动，如图 6-11 所示，编程参数见表 6-2。

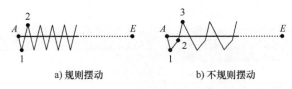

a) 规则摆动　　　　　　　b) 不规则摆动

图 6-11　直线焊缝摆动编程

表 6-2　直线焊缝摆动编程参数

点	描述
A	开始点
1	1. 摆动点
2	2. 摆动点
3	3. 摆动点
E	目标点

3）支持两种编程方式：直接示教摆动点和设定摆宽和高度，摆动点自动生成并以步点的形式插入。

4）当前路径焊接时是否摆动取决于该路径的目标步点（的设定）。目标步点的类型必须是工作步，摆动"激活"，如图 6-12 所示。在自动模式下，摆动频率可以在线修改，且任何改动均可立即随步点保存。

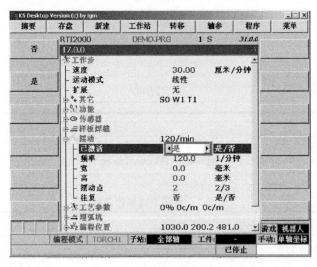

图 6-12　摆动激活

5）运动模式。当焊缝为直线时则设为线性，当焊缝为圆弧或圆时则设为圆弧。

6）如定义了往复运动，则机器人在摆动点和起点之间做往复摆动，注意仅适用多于两个摆动点的情况，如图 6-13、图 6-14 所示。

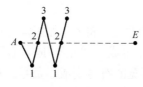

图 6-13　不设往复时

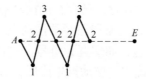

图 6-14　设定往复时

（2）摆动点编程　摆动点是作为某段路径起点的子步来编制的。摆动点为一线性空步，扩展为摆动点，如图 6-15 所示。

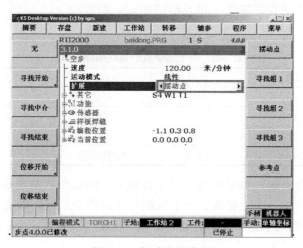

图 6-15　摆动点的编程

（3）摆宽和高度

1）设定了摆宽和摆高后，摆动点即会自动生成并保存。摆高由 TCP 沿着焊枪方向量起，摆宽垂直于焊枪和焊缝方向，焊枪在摆动点的角度与起始点位置相同，设定摆宽和高度之前，目标步点不必先存入，目标点和摆动点可以同时加入，如图 6-16 所示。

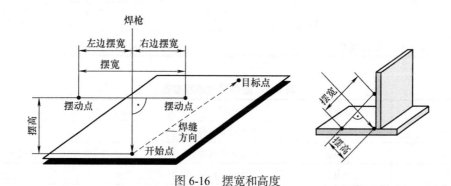

图 6-16　摆宽和高度

2）如摆动点已先于显示的工作步编制了，则在当前显示的工作步中会显示先前摆动点的摆宽和摆高。

3）给出摆宽、摆高及摆动点的个数，即可参数化焊缝。按 CORR 摆动点即可生成且以起始点的子步形式保存。已存在的摆动点将被取代。

4）如有必要改变某段路径的摆动点次序，可以给摆宽加符号。如摆宽为正号（或没有），第一摆动点在右边；如摆宽为负号，左摆动点将会先生成。"左"或"右"由机器人相对焊缝的走行方向确定。摆动点生成后，有时会发现摆宽的符号变成了负号，这并不是问题，其仅对内部计算有意义。CORR / FN-CORR 的不同 CORR，保存当前 TCP 位置至工作步，然后再计算。

Alt FN+CORR 在已保存的步点位置基础上计算摆动点（与当前位置无关），也就是可以离线改变摆动几何图形。

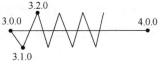

图 6-17　两个摆动点的直线编程

（4）两个摆动点的直线编程　如图 6-17 所示，编程参数见表 6-3。

表 6-3　两个摆动点的直线编程参数

序号	步点号	类型	子类型	扩展	备注
1	3.0.0	空步	—	—	—
2	3.1.0	空步	线性	摆动点	—
3	3.2.0	空步	线性	摆动点	—
4	4.0.0	工作步	线性摆动	—	摆动激活

（5）圆弧焊缝的编程　如图 6-18、图 6-19 所示，编程参数见表 6-4。

1）一段圆弧至少由三个点组成，一个整圆至少由四个点进行确定。圆弧焊缝编程时，确定圆弧的三个点中的两个是由运动类型为圆弧工作步组成，第一个工作的步点作为圆弧的起点。

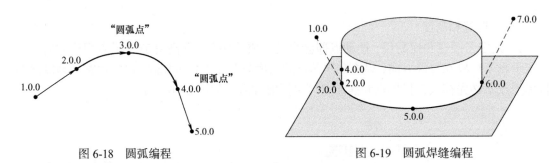

图 6-18　圆弧编程　　　　　　　　　　　图 6-19　圆弧焊缝编程

表 6-4　圆弧焊缝编程参数

顺序号	步点号	类型	扩展	备注
3	3.0.0	空步 + 非线形	—	—
4	4.0.0	空步 + 非线形	—	焊缝起始点
5	5.0.0	工作步 + 圆弧	—	焊缝
6	6.0.0	工作步 + 圆弧	—	焊缝目标点
7	7.0.0	空步 + 非线形	—	离开焊缝

2）注意事项：①包括起始点，圆弧焊缝至少需要三个点，整圆至少需要四个点。②焊枪角度的变化尽可能使用第六轴。③每两点之间的角度不得超过 180°。

2. 样板焊缝的定义和调用

（1）样板焊缝的定义

1）样板焊缝定义：新建程序后在文件名后缀加上扩展名"lib"的库程序，如图 6-20 所示。新建程序确认，自动生成样板焊缝定义。

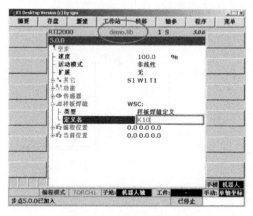

图 6-20　样板焊缝定义

2）样板焊缝定义程序设定：在程序中选定样板焊缝，选择样板焊缝类型，再选择定义名输入名称即可。

3）样板焊缝定义编程如图 6-21 所示，编程参数见表 6-5。

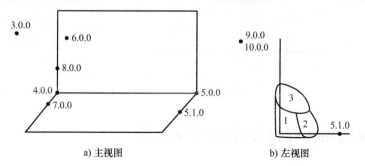

a）主视图　　　　　　b）左视图

图 6-21　样板焊缝定义编程示意图

表 6-5　样板焊缝编程参数

顺序号	步点号	类型	扩展	备注
3	3.0.0	空步 + 非线形	—	
4	4.0.0	空步 + 非线形	—	样板焊缝：样板焊缝定义给定名字
5	5.0.0	工作步 + 线形	—	样板焊缝：多层焊根层
6	5.1.0	空步 + 非线形	参考点	定义多层焊顺序
7	6.0.0	空步 + 线形	—	层间过渡点
8	7.0.0	工作步 + 线形	—	样板焊缝：覆盖层（覆盖层逆向）
9	8.0.0	工作步 + 线形	—	样板焊缝：覆盖层（覆盖层逆向）
10	9.0.0	空步 + 非线形	—	
11	10.0.0	辅助步	—	类型：程序停止

注意事项： 层间过渡点为线性工作步覆盖层不能使用电弧传感。

（2）样板焊缝的调用　如图 6-22 所示，编程参数见表 6-6。

1）样板焊缝的调用在程序后缀名加"prg"的程序，且该程序的库名为包含所调用的样板焊缝的库程序的程序名。

2）样板焊缝调用的是所有焊接参数与层间的位置关系。

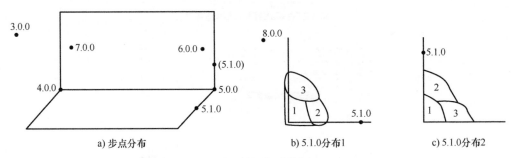

图 6-22　样板焊缝的调用

表 6-6　样板焊缝调用参数

顺序号	步点号	类型	扩展	备注
3	3.0.0	空步 + 非线形	—	—
4	4.0.0	空步 + 非线形	—	—
5	5.0.0	工作步 + 线形	—	样板焊缝：样板焊缝调用 + 定义名
6	5.1.0	空步 + 非线形	参考点	定义多层焊顺序
7	6.0.0	空步 + 非线形	—	样板焊缝：多层焊空点（层间过渡点）
8	7.0.0	空步 + 非线形	—	样板焊缝：多层焊空点（层间过渡点）
9	8.0.0	空步 + 非线形	—	—

6.3　铝合金机器人焊接操作技巧与禁忌

6.3.1　铝合金板对接平焊的单面焊双面成形

1. 焊前准备

1）工件规格。6005A 铝合金板 300mm×150mm×10mm，2 件，坡口角度 30°，如图 6-23 所示。

2）焊接材料。ER5087 焊丝，直径为 1.6mm。

3）保护气体。99.999% 高纯氩气，气流量为 18 ～ 20L/min。

4）设备型号：igm RTI-2000 型弧焊机器人。

5）工件在工装上进行装配，保证装配间隙 3.0 ～ 3.5mm，对焊缝进行定位焊，定位焊缝需全焊透。首先，对引弧端定位焊，定位焊长度为 10mm，再对收弧端进行定位焊，收弧端的装配间隙应大于引弧端装配间隙 0.5 ～ 1.0mm，以预留焊缝的焊接收缩，如图 6-23 所示。最后，将定位焊缝用风动直磨机修磨成缓坡状，如图 6-24 所示。

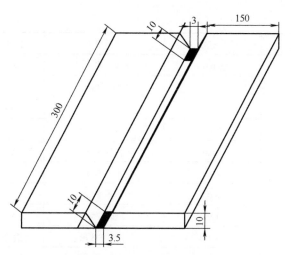

图 6-23　工件规格与装配尺寸

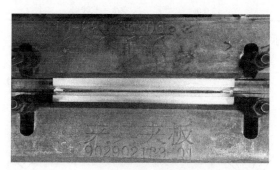

图 6-24　工件的装配和定位焊接头的修磨

2. 焊接操作

（1）焊接参数　焊接参数见表 6-7，焊缝编程程序见表 6-8。

表 6-7　铝合金平板对接单面焊双面成形焊接参数

层道分布示意图	焊接层道	焊接速度 /（cm/min）	功率 /（%）	弧长修正 /mm	摆动频率 /（次/min）	脉冲	往复	焊丝干伸长 /mm	气体流量 /（L/min）
	打底层 1	65	50	-5	无	是	是	12	18～20
	填充层 2	35	50	2	80	是	是	12	18～20
	盖面层 3	50	50	6	70	是	是	12	18～20

表 6-8　铝合金平板对接单面焊双面成形焊缝编程程序

顺序号	焊接层道	步点号	类型	扩展	备注
1		2.0.0	空步 + 非线形	无	焊缝临近点
2	打底层	3.0.0	空步 + 线形	无	焊缝起始点
3		4.0.0	工作步 + 线形	无	焊缝目标点
4		5.0.0	空步 + 非线形	无	离开焊缝

（续）

顺序号	焊接层道	步点号	类型	扩展	备注
5	填充层	6.0.0	空步 + 非线形	无	焊缝临近点
6		7.0.0	空步 + 线形	无	焊缝起始点
7		7.1.0	空步 + 线形	摆动	摆动点
8		7.2.0	空步 + 线形	摆动	摆动点
9		8.0.0	工作步 + 线形	无	焊缝目标点
10		9.0.0	空步 + 非线形	无	离开焊缝
11	盖面层	10.0.0	空步 + 非线形	无	焊缝临近点
12		11.0.0	空步 + 线形	无	焊缝起始点
13		11.1.0	空步 + 线形	摆动	摆动点
14		11.2.0	空步 + 线形	摆动	摆动点
15		12.0.0	工作步 + 线形	无	焊缝目标点
16		13.0.0	空步 + 非线形	无	离开焊缝

（2）打底层焊缝示教器编程　如图 6-25 所示。

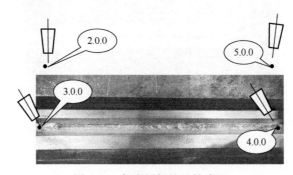

图 6-25　打底层焊缝示教编程

1）新建程序，输入程序名（如：T10BWPA）确认，自动生成程序文件。

2）正确选择坐标系：基本移动采用直角坐标系，接近或角度移动采用工具（或绝对）坐标系。

3）调整机器人各轴，调整至合适的焊枪姿态及焊枪角度，打底层为直线焊接，生成空步点 2.0.0 文件。

4）将焊枪设置接近工件引弧点，为防止和夹具发生碰撞，采用低挡慢速，掌握微动调整，精确地靠近起弧点，调整焊枪角度，将焊枪与焊接方向的夹角调整为 80°，焊枪与两侧试板的夹角调整为 90°，调整焊丝干伸长为 12mm，按 ADD 键保存步点，自动生成空步点 3.0.0 文件。

5）焊缝分成一个工作步点进行焊接，将焊枪移动至焊缝收弧点位置，调整好焊枪角度及焊丝干伸长，按 ADD 键自动生成空步点 4.0.0，再按 JOG/WORK 键将 4.0.0 空步转换成工作步，设定合理焊接参数，按 CORR 保存。

6）将焊枪移动离开焊缝至安全区域，按 ADD 键自动生成工作步点 5.0.0，再按 JOG/WORK 键将工作步转换成空步点 5.0.0 文件。

7）示教编程完成后，对整个程序进行试运行。试运行过程中观察各个步点的焊接参数是否合理，并仔细观察焊枪角度的变化及设备周围运行的安全性。

（3）填充层与盖面层焊缝示教编程

1）填充层与盖面层都采用摆动的形式焊接，其编程的方法与步点相同，只是摆动的宽度与参数不同，如图 6-26 所示。

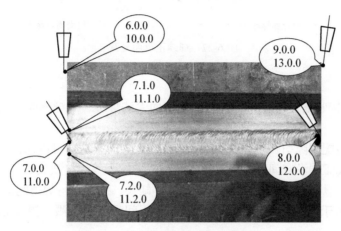

图 6-26　填充与盖面层焊缝示教编程

2）调整机器人各轴，调整至合适的焊枪姿态及焊枪角度，将焊枪移至引弧点的上方，按 ADD 键保存步点，自动生成步点 6.0.0。

3）生成焊接步点 6.0.0 之后，将焊枪设置接近工件起弧点，为防止和夹具发生碰撞，采用低挡慢速，掌握微动调整，精确地靠近工件。

4）将焊枪设置接近工件起弧点，为防止和夹具发生碰撞，采用低挡慢速，掌握微动调整，精确地靠近起弧点，调整焊枪角度，将焊枪与焊接方向的夹角调整为 80°，焊枪与两侧试板的夹角调整为 90°，调整焊丝干伸长为 12mm，按 ADD 键保存步点，自动生成空步点 7.0.0。

5）将焊枪移至坡口侧并精确好位置，将空步点 7.0.0 的运动模式改成"线性"，扩展选为"摆动"，按 ADD 键自动生成摆动点 7.1.0，再将焊枪移至另一侧坡口并精确好位置，按 ADD 键自动生成摆动点 7.1.0。

6）焊缝分成一个工作步点进行焊接，将焊枪移动至焊缝收弧点位置，调整好焊枪角度及焊丝干伸长，按 STEP- 回到第 7.0.0，按 ADD 键自动生成空步点 8.0.0，再按 JOG/WORK 键将 8.0.0 空步转换成工作步，设定合理焊接参数，按 CORR 保存。

7）将焊枪移动离开焊缝至安全区域，按 ADD 键自动生成工作步点 9.0.0，再按 JOG/WORK 键将工作步转换成空步点 9.0.0。

8）示教编程完成后，对整个程序进行试运行。试运行过程中观察各个步点的焊接参数是否合理，并仔细观察焊枪角度的变化及设备周围运行的安全性。

（4）焊接　对整个程序进行试运行后，同时确认各步点参数，按启动键开始进行焊接。焊缝的外观成形如图 6-27 所示。

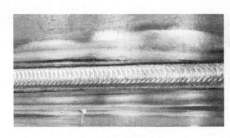

a) 正面焊缝   b) 背面焊缝

图 6-27 焊缝正反面外观

3. 焊接禁忌

1）为防止焊接收缩造成在靠近收弧端时背面无法焊透，焊缝的起弧端和收弧端的装配间隙忌等宽度。

解决措施：装配间隙引弧端比收弧端大 0.5～1.0mm，这样可以保证背面焊透，以避免因焊接收缩导致收弧端没有间隙而无法焊透，形成未熔合等焊接缺欠。

2）为防止产生焊缝未熔合及焊缝内部夹渣等缺欠，忌焊道与焊道间清理不彻底。

解决措施：由于是厚板多层多道焊接，因此层间焊道的飞溅、黑灰必须用不锈钢丝刷清理干净。

3）为防止造成焊缝内部气孔超标，忌焊接保护气体流量偏小。

解决措施：焊接前必须用气体流量检测表检测喷嘴位置的气体流量是否合格，同时清理导电嘴内的焊渣等，否则会影响气体流量的检测，在检测气体流量前必须保证焊枪的喷嘴垂直朝上。

4）忌随意设定与 WPS 不一致的参数进行焊接。

解决措施：焊接人员作业前应清楚所焊接头的大小及相对应的焊接的层道数并与 WPS 严格一致，对于 3 道以上的多层多道焊缝，层道数允许误差为 ±1 道；电流允许误差为给定值的 ±15%；自动焊的焊接速度允许误差为 10cm/min；焊接机器人的焊接功率允许误差为 ±15%；焊机喷嘴的实际气流量允许误差为 3L/min；预热温度和层间温度必须严格控制在规定范围内。

5）忌不测量多层焊层间温度

解决措施：对于厚度≥8mm 的铝材，焊前应预热，预热温度为 80～120℃，层间温度控制在 60～100℃。预热时要使用接触式测温仪进行测温，工件板厚不超过 50mm 时，测温点为距坡口表面 4 倍板厚，最多不超过 50mm 的距离处测量；当工件厚度超过 50mm 时，要求的测温点应位于至少 75mm 距离的母材或坡口任何方向上同一位置，条件允许时，温度应在加热面的背面测定，严禁凭个人感觉及经验判断层间温度。

6）忌焊前对设备状态不进行确认。

解决措施：在焊接作业前，必须检查焊接设备和工装是否处于正常工作状态。焊前应检查焊机喷嘴的实际气体流量（允许误差为 +3L/min），自动焊焊丝在 8 圈（焊丝盘）以上，否则需要更换气体或焊丝；检查导电嘴是否拧紧，喷嘴是否需要清理。导电嘴不能只简单地采用手动拧紧，必须采用尖嘴钳拧紧。检查工装状态是否完好，禁止在工装异常状态下进行焊接操作。回线应尽可能地连接在与施焊焊缝较近的位置，对于已焊有接地座的部件，回线夹应夹在距施焊部位较近的接地座上。另外回线应保证一定的截面，回线夹要夹持有力，从而保证接触处电阻较小，减少能耗，从而保证通过工艺评定得到的 WPS 能够与实际产品焊接相符，如果发现接回线截面受损或回线夹有问题应及时维修。

6.3.2　铝合金板对接横焊的单面焊双面成形

1. 焊前准备

1）工件规格。6005A 铝合金板 300mm×150mm×10mm，2 件，坡口面角度30°，如图 6-28 所示。

2）焊接材料。ER5087 焊丝，直径为 1.6mm。

3）保护气体。99.999% 高纯氩气，气流量为 18 ～ 20L/min。

4）设备型号。igm RTI-2000 型弧焊机器人。

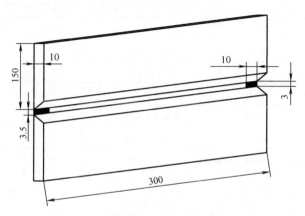

图 6-28　对接横焊工件规格与装配尺寸

5）保证装配间隙 3.0 ～ 3.5mm，对焊缝进行定位焊，定位焊缝需全焊透。首先，对引弧端定位焊，定位焊长度为 10mm，再对收弧端进行定位焊，收弧端的装配间隙应大于引弧端装配间隙 0.5 ～ 1.0mm，以预留焊缝的焊接收缩。最后，将定位焊根部用风动直磨机修磨成缓坡状，如图 6-29 所示。

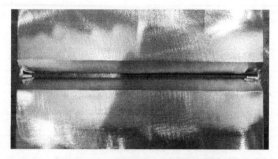

图 6-29　工件定位焊接头的修磨

2. 焊接

（1）焊接参数　铝合金板对接横焊焊接参数见表 6-9，焊缝编程程序见表 6-10。

表 6-9　铝合金板对接横焊单面焊双面成形焊接参数

层道分布示意图	焊接层道	焊接速度/（cm/min）	功率（%）	弧长修正/mm	摆动频率/（次/min）	脉冲	往复	焊丝干伸长/mm	气体流量/（L/min）
	打底层 1	55	50	−5	无	是	无	12	18～20
	填充层 2	80	55	4	无	是	无	12	18～20
	填充层 3	73	60	2	无	是	无	12	18～20
	盖面层 1	85	55	6	无	是	无	12	18～20
	盖面层 5	80	53	6	无	是	无	12	18～20
	盖面层 6	95	50	8	无	是	无	12	18～20

表 6-10　铝合金板对接横焊单面焊双面成形焊缝编程程序

顺序号	焊接层道	步点号	类型	扩展	备注
1	打底层 1	2.0.0	空步＋非线形	无	焊缝临近点
2		3.0.0	空步＋线形	无	焊缝起始点
3		4.0.0	工作步＋线形	无	焊缝目标点
4		5.0.0	空步＋非线形	无	离开焊缝
5	填充层 2	6.0.0	空步＋非线形	无	焊缝临近点
6		7.0.0	空步＋线形	无	焊缝起始点
7		8.0.0	工作步＋线形	无	焊缝目标点
8		9.0.0	空步＋非线形	无	离开焊缝
9	填充层 3	10.0.0	空步＋非线形	无	焊缝临近点
10		11.0.0	空步＋线形	无	焊缝起始点
11		12.0.0	工作步＋线形	无	焊缝目标点
12		13.0.0	空步＋非线形	无	离开焊缝
13	盖面层 4	14.0.0	空步＋非线形	无	焊缝临近点
14		15.0.0	空步＋线形	无	焊缝起始点
15		16.0.0	工作步＋线形	无	焊缝目标点
16		17.0.0	空步＋非线形	无	离开焊缝
17	盖面层 5	18.0.0	空步＋非线形	无	焊缝临近点
18		19.0.0	空步＋线形	无	焊缝起始点
19		12.0.0	工作步＋线形	无	焊缝目标点
20		21.0.0	空步＋非线形	无	离开焊缝
21	盖面层 6	22.0.0	空步＋非线形	无	焊缝临近点
22		23.0.0	空步＋线形	无	焊缝起始点
23		24.0.0	工作步＋线形	无	焊缝目标点
24		25.0.0	空步＋非线形	无	离开焊缝

（2）焊缝示教器编程　打底、填充和盖面都是属于直线运条，采用 3 层 6 道焊道分布，编程方法与对接平焊打底层相同。

3. 焊接禁忌

（1）打底层焊接禁忌

1）忌焊枪角度选择不合理，否则将导致焊缝成形不良。

解决措施：焊接时，焊枪与焊接方向角度控制在 80°～85°，焊枪与下坡口的角度为 80°～85°，如图 6-30 所示。

2）忌采用摆动运条方式，否则易造成焊缝咬边缺欠。

解决措施：采用直线运条方法，连弧法焊接。横焊位置由于熔池金属易下塌，造成焊缝背面咬边，正面下坡口产生"夹沟"现象，所以焊接速度、功率及弧长要配合的非常准确，才能使电弧在匀速移动时，保持熔池和熔孔的大小一致，使焊缝与坡口边缘部位过渡平整，同时及时清理坡口内的飞溅及"黑灰"。

3）忌打底焊缝余高超高，否则易造成盖面层焊缝产生气孔、焊缝余高超限等缺欠。

解决措施：打底层焊缝厚度最好控制在距工件上表面 5～6mm 为宜。经试验证明，控制打底层焊缝余高，产生的气孔较少，利于填充与盖面焊接。

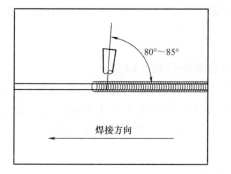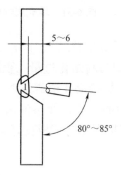

图 6-30　打底层焊枪角度

（2）填充层焊接禁忌

1）忌焊丝指向位置不合理，否则易造成焊缝咬边缺欠。

解决措施：焊接第 2 道焊缝时，焊丝指在第 1 道焊缝与下坡口面熔合线位置进行焊接，第 2 道焊缝焊枪角度为 100°，采用直线运条方式，如图 6-31a 所示。

2）忌焊缝层间清理不到位，否则易产生焊接缺欠。

解决措施：焊接第 3 道焊缝时，焊丝指在第 2 道焊缝与上坡口夹角根部进行焊接，焊接时应注意观察熔池是否与母材熔合良好，每焊接完一层一定要彻底清理干净，防止未熔合、夹渣等焊接缺欠的产生，第 3 道焊缝焊枪与下坡口角度为 90°，如图 6-31b 所示。

3）忌随意设定与 WPS 不一致的参数进行焊接。

解决措施：焊接人员作业前应清楚所焊接头的大小及相对应的焊接的层道数并与 WPS 严格一致，对于 3 道以上的多层多道焊缝，层道数允许误差为 ±1 道；电流允许误差为给定值的 ±15%；自动焊的焊接速度允许误差为 10cm/min；焊接机器人的焊接功率允许误差为 ±15%；焊机喷嘴的实际气流量允许误差为 3L/min；预热温度和层间温度必须严格控制在规定范围内。

合理地分布填充层的焊缝厚度，采用快速焊接法，填充层焊缝以平整为宜，焊缝表面距工件上表面控制在 1 ～ 2mm，如图 6-32 所示。同时注意电弧不要熔伤坡口的棱边，以便于盖面层焊接时对焊缝直线度的控制，并有效防止盖面层余高过高。

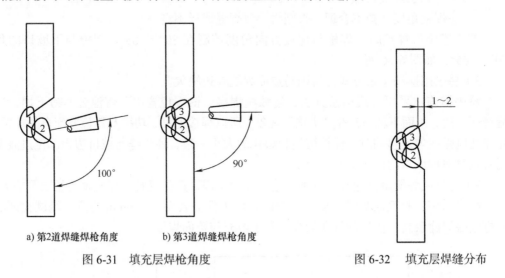

a) 第2道焊缝焊枪角度 b) 第3道焊缝焊枪角度

图 6-31 填充层焊枪角度   图 6-32 填充层焊缝分布

（3）盖面层焊接禁忌

1）忌下坡口母材熔化过量，否则易造成焊缝宽度超差。

解决措施：焊接第 4 道焊缝时，焊丝指在第 2 道焊缝与下坡口面熔合位置进行焊接，同时控制好熔池的大小，使熔池熔合下坡口母材棱边 1 ～ 1.5mm，这样能较好地控制焊缝的宽窄，以及保证焊缝与试板良好熔合，第 4 道焊缝焊枪角度为 100°，采用直线运条方式，如图 6-33a 所示。

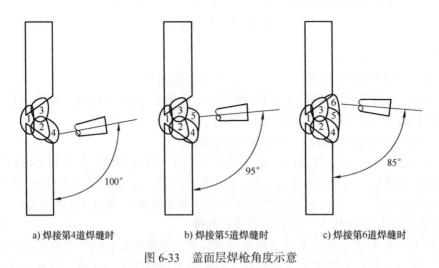

a) 焊接第4道焊缝时 b) 焊接第5道焊缝时 c) 焊接第6道焊缝时

图 6-33 盖面层焊枪角度示意

2）忌焊缝飞溅、黑灰清理不彻底，否则易产生焊接缺欠。

解决措施：焊接第 5 道焊缝时，焊丝指在第 4 道焊缝与第 3 道焊缝熔合线位置，焊接时应注意观察熔池，使熔池下部边缘熔敷在第 4 道焊缝余高的峰线上，焊接速度应稍慢，每焊接完一层一定要彻底清理干净，防止未熔合、夹渣等焊接缺欠的产生，第 5 道焊缝焊枪与下坡口角度为 95°，直线运条方式，如图 6-33b 所示。

3）忌焊接速度过慢，否则易造成焊瘤。

解决措施：焊接第 6 道焊缝时，焊丝指在第 5 道焊缝与上坡口熔合线位置进行焊接，焊接时应注意观察熔池，使熔池下部边缘熔敷在第 5 道焊缝余高的峰线上，焊接速度应稍快，同时保证熔池上部边缘熔敷上坡口棱边 1 ～ 1.5mm，第 5 道焊缝焊枪与下坡口角度为 85°，采用直线运条方式，如图 6-33c 所示。

（4）焊后处理 工件焊完后要彻底清除焊缝及工件表面的"黑灰"、熔渣和飞溅。

6.3.3 铝合金板 T 形接头的立角焊

1. 焊前准备

1）工件规格。6005A 铝合金板 300mm × 100mm × 10mm，2 件，如图 6-34 所示。

2）焊接材料。ER5087 焊丝，直径 1.6mm。

3）保护气体。99.999% 高纯氩，气流量为 18 ～ 20L/min。

4）焊接要求。焊脚 K=8mm。

5）设备型号。igm RTI-2000 型弧焊机器人。

6）装配前应严格按要求进行清洗抛光。

7）装配及定位焊时为防止根部产生条状气孔，应保证根部无间隙。定位焊位置为焊缝背面两端，定位焊的长度为 15mm，如图 6-34 所示。

2. 焊接操作

（1）焊接参数

1）采用三个摆动点往复运动的的形式焊接，如图 6-35 所示。

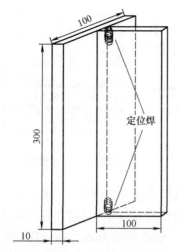

图 6-34　T 形接头工件规格与装配尺寸

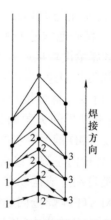

图 6-35　立角焊焊缝示教编程

2）焊接参数见表 6-11，焊缝编程程序见表 6-12。

表 6-11　铝合金板立角焊焊接参数

层道分布示意图	焊丝规格 /mm	焊接速度 /（cm/min）	功率（%）	弧长修正 /mm	摆动频率 /（次/min）	脉冲	往复	焊丝干伸长 /mm	气体流量 /（L/min）
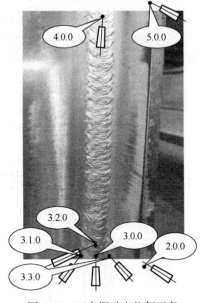	1.6	25	55	8	40	是	是	12	18～20

表 6-12　铝合金板立角焊焊缝编程程序

顺序号	焊接层道	步点号	类型	扩展	备注
1	一层一道	2.0.0	空步+非线形	无	焊缝临近点
2		3.0.0	空步+线形	无	焊缝起始点
3		3.1.0	空步+线形	摆动	摆动点
4		3.2.0	空步+线形	摆动	摆动点
5		3.3.0	空步+线形	摆动	摆动点
6		4.0.0	工作步+线形	无	焊缝目标点
7		5.0.0	空步+非线形	无	离开焊缝

（2）示教器编程

示教器编程如图 6-36 所示。

1）新建程序，输入程序名（如：T10BWPF）确认，自动生成程序。

2）正确选择坐标系：基本移动采用直角坐标系，接近或角度移动采用工具（或绝对）坐标系。

3）调整机器人各轴，调整至合适的焊枪姿势及焊枪角度，焊接为三个摆动点焊接，生成空步点 2.0.0。

4）生成焊接步点 2.0.0 之后，将焊枪设置接近工件起弧点，为防止与夹具发生碰撞，采用低挡慢速，掌握微动调整，精确地靠近工件。

5）将焊枪设置接近工件起弧点，为防止与夹具发生碰撞，采用低挡慢速，掌握微动调整，精确地靠近起弧点，调整焊枪角度，将焊枪与焊接方向的夹角调整为 80°，焊枪与两侧试板的夹角调整为 45°，调整焊丝干伸长为 12mm，按 ADD 键保存步点，自动生成空步点 3.0.0。

图 6-36　三个摆动点往复运条

6）将焊枪向左侧平移 6mm，将空步点 3.0.0 的运动模式改成"线性"，扩展里选为"摆动"，按 ADD 键自动生成摆动点 3.1.0，并在"其他"选项里设 0.3s 的停顿时间按 CORR 保存，按 SINGAl/STEP- 焊枪回到第 3.0.0 步，在将焊枪向上垂直移动 3mm，按 ADD 键自动生成摆动点 3.2.0，此步为中间摆动点，不需要设停顿时间，按 SINGAl/STEP- 焊枪回到第 3.0.0 步，再向右侧平移 6mm，按 ADD 键自动生成摆动点 3.3.0，并在"其他"选项里设 0.3s 的停顿时间，按 CORR 保存，如图 6-37 所示。

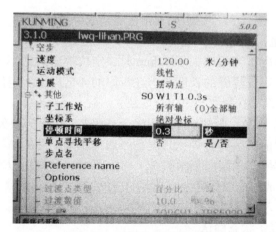

图 6-37　摆动点参数的设定

7）焊缝分成一个工作步点进行焊接，将焊枪移动至焊缝收弧点位置，调整好焊枪角度及焊丝干伸长，按 STEP- 回到第 3.0.0，按 ADD 键自动生成空步点 4.0.0，按 JOG/WORK 键将 4.0.0 空步转换成工作步，设定合理的工作步参数，按 CORR 保存，如图 6-38 所示。

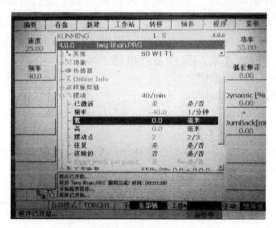

图 6-38　工作步参数的设定

8）将焊枪移动离开焊缝至安全区域，按 ADD 键自动生成工作步点 5.0.0，按 JOG/WORK 键将工作步转换成空步点 5.0.0。

9）示教编程完成后，对整个程序进行试运行。试运行过程中观察各个步点的焊接参数是否合理，并仔细观察焊枪角度的变化及设备周围运行的安全性。

3. 焊接禁忌

1）忌焊丝干伸长控制不合理否则易造成焊接电弧不稳定。

解决措施：在编程过程中，切记要时刻关注焊丝的干伸长，由于焊丝的干伸长会影响电弧的稳定性，过短容易导致焊丝与导电嘴堵死，过长将导致电弧不稳定而影响焊接质量，所以焊丝干伸长控制在 8 ～ 10mm 为最佳。

2）忌焊缝起弧点、收弧点不在同一直线上，否则易造成焊缝单边。

解决措施：在编程过程中应保证焊接起弧点和收弧点位置的焊枪角度必须保持一致，

收弧点和起弧点必须在一条直线上，否则就很可能造成焊缝单边。

3）忌定位焊缝过短，否则易导致焊接变形。

解决措施：一般情况下当板厚大于 12mm 时，定位焊缝的最小长度应在 50mm 以上，当板厚小于 12mm 时，定位焊缝的长度要求在板厚的 4 倍以上。定位焊缝的质量要求与正常焊缝的要一致，不允许存在裂纹、未熔合等缺欠。

4）忌焊枪角度向下倾斜，否则易导致焊缝余高超差、焊瘤等缺欠的产生。

解决措施：在编程前必须检查焊枪角度是否选择正确，一般情况下立向上焊缝，焊枪角度选择水平垂直于焊缝，稍微向上倾斜 5° ～ 10° 即可，这样可以有效地避免因受重力的影响而导致熔池下淌形成焊瘤及焊缝余高超差的现象。施焊时焊枪稍微向上倾斜，利用电弧的吹力迫使熔池往焊接方向移动，抑制熔池下坠。

5）忌焊前未进行设备状态确认。

解决措施：在焊接作业前，必须检查焊接设备和工装是否处于正常工作状态。焊前应检查焊机喷嘴的实际气体流量（允许误差为 +3L/min），自动焊焊丝在 8 圈（焊丝盘）以上，否则需要更换气体或焊丝；检查导电嘴是否拧紧，喷嘴是否需要清理。导电嘴不能只简单地采用手动拧紧，必须采用尖嘴钳拧紧。检查工装状态是否完好，若工装有损坏，应立即通知工装管理员进行核查，并组织维修，禁止在工装异常状态下进行焊接操作。回线应尽可能地连接在与施焊焊缝较近的位置，回线应保证一定的截面，回线夹要夹持有力，以保证接触处电阻较小，减少能耗，从而保证通过工艺评定得到的 WPS 能够与实际产品焊接参数相符，如果发现回线截面受损或回线夹有问题应及时维修。

6.3.4 铝合金管 – 板环形焊

1. 焊前准备

1）工件规格。6005A 铝合金板 400mm×400mm×10mm，1 件；6005A 铝合金管 D200mm× t8mm，L=100mm，1 件，如图 6-39 所示。

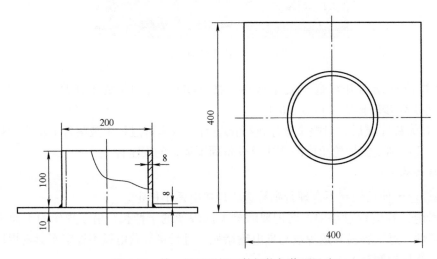

图 6-39　管 – 板环形焊工件规格与装配尺寸

2）焊接材料。ER5087 焊丝，直径为 1.6mm。

3）保护气体。99.999% 高纯氩气，气体流量为 18 ～ 20L/min。

4）焊接要求。焊脚 K=8mm。

5）设备型号。igm RTI-2000 型弧焊机器人。

2. 工件装配

1）装配前应严格按要求进行清洗抛光。

2）装配及定位焊时为防止根部产生条状气孔，应保证根部无间隙。定位焊位置为 2 点钟与 11 点钟位置，如图 6-40 所示。

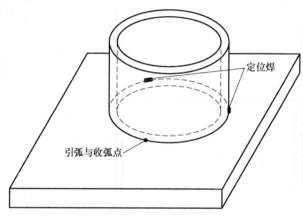

图 6-40　定位焊位置

3）如条件允许尽可能采用 TIG 焊进行定位焊，定位焊时在保证熔深的前提下，尽量减小焊脚（焊脚为 2 ～ 3mm），定位焊缝的长度为 10mm，避免影响正式焊接的焊缝成形。如定位焊焊脚过大，应采用直磨机打磨处理。

3. 焊接操作

1）铝合金管 - 板焊接参数见表 6-13。

表 6-13　铝合金管 - 板焊接参数

层道分布示意图	焊丝规格 /mm	功率（%）	焊接速度 /（cm/min）	弧长修正 /mm	气体流量 /（L/min）	焊丝干伸长 /mm	脉冲
1	ϕ1.6	75	75	−8	18 ～ 20	8-10	是

2）将装配定位焊好的焊接工件放在工作平台上，并采用 F 形夹具将工件夹紧，如图 6-41 所示。为保证整个焊接正常顺利进行，回线牢固接在工件底板上。

3）焊枪角度是否合理直接影响到焊缝熔深及焊缝成形的好坏，将焊枪姿态调整到最佳位置可以较好地减少焊缝未熔合、咬边以及盖面焊缝不均匀等缺欠，焊枪与底板呈 43° 夹角，可有效防止焊缝熔池下淌偏向底板，焊丝距根部 2.5mm 可有效解决焊缝单边的问题，如图 6-42a 所示。

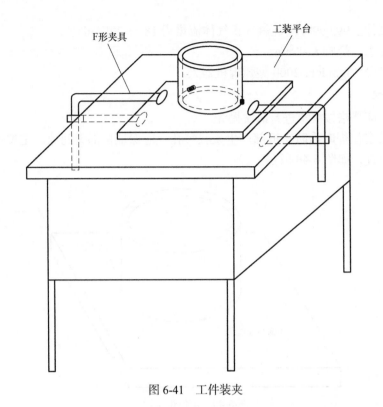

图 6-41　工件装夹

4）焊枪与焊接方向呈 80° 夹角，可利用电弧的吹力轻微地将熔池往前推动，有效控制焊缝的凸度，使焊缝平整，如图 6-42b 所示。

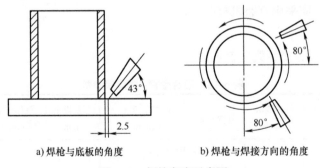

a) 焊枪与底板的角度　　　　　　b) 焊枪与焊接方向的角度

图 6-42　焊枪角度示意图

5）示教器编程如图 6-43 所示，焊缝编程程序见表 6-14。

第一，新建程序，输入程序名（如：T8FWPB）确认，自动生成程序。

第二，正确选择坐标系：基本移动采用直角坐标系，接近或角度移动采用绝对坐标系。

第三，调整机器人各轴，调整至合适的焊枪姿势及焊枪角度，生成空步点 2.0.0，按 ADD 键保存步点，自动生成步点 3.0.0。

第四，生成引弧步点 3.0.0 之后，将焊枪设置接近工件引弧点，并标记好引弧点的位置，为收弧点的设置作基准。为防止与夹具发生碰撞，采用低挡慢速，掌握微动调整，精确地靠近。

第五，调整焊丝干伸长为 8 ～ 10mm。

第六，调整焊枪角度，将焊枪与底板调整呈 43° 左右夹角，与焊接方向调整呈 80° 夹角，按 ADD 键保存步点，自动生成步点 4.0.0。

第七，焊缝分成三个工作步点进行焊接，将焊枪移动至焊缝中间位置，调整好焊枪角度及焊丝干伸长，按 JOG/WORK 键将 4.0.0 空步转换成工作步，设定合理工艺参数，将工艺参数中的运动模式线性修改为圆弧，按 ADD 键自动生成工作步点 5.0.0，调整合适焊枪角度及干伸长。

第八，将焊枪移至焊缝收弧点，为保证接头熔合好，需过引弧点 5mm 再收弧，如图 6-43 所示，调整好焊枪角度及焊丝干伸长，按 ADD 键自动生成工作步点 6.0.0，调整好焊枪角度及焊丝干伸长，按 ADD 键自动生成工作步点 7.0.0，按 JOG/WORK 键将工作步转换成空步点。

第九，将焊枪移开工件至安全区域。

第十，示教编程完成后，对整个程序进行试运行。试运行过程中观察各个步点的焊接参数是否合理，并仔细观察焊枪角度的变化及设备运行的状态。

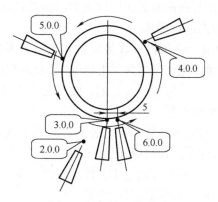

图 6-43　焊缝示教编程

表 6-14　铝合金管 - 板焊缝编程程序

顺序号	步点号	类型	扩展	备注
1	2.0.0	空步 + 非线形	无	
2	3.0.0	空步 + 非线形	无	焊缝起始点
3	4.0.0	工作步 + 圆弧	无	焊缝中间点
4	5.0.0	工作步 + 圆弧	无	焊缝中间点
5	6.0.0	工作步 + 圆弧	无	焊缝目标点
6	7.0.0	空步 + 非线形	无	离开焊缝

4. 焊接禁忌

1）忌焊接现场湿度超标，否则易造成焊缝产生大量气孔。

解决措施：由于铝合金对现场的温度、湿度要求较高，对产生气孔较为敏感，所以在焊接操作时，要注意避免穿堂风对焊接过程的影响。另外，由于空气的剧烈流动会引起气体保护不充分，从而产生焊接气孔与保护不良，因此在铝合金焊接场所湿度应控制在 60% 以下。

2）忌焊缝位置清理不到位，否则易产生焊接缺欠。

解决措施：焊缝区域的表面清洁非常重要，如果焊接区域油污、氧化膜等未清理干净，在焊接过程中极易产生气孔，严重影响焊接质量；在工件组装前，要求采用异丙醇清洗焊缝两侧 20mm 表面的油脂、污物等；采用风动不锈钢丝轮或砂纸对焊缝进行抛光、打磨，抛光要求呈亮白色，不允许存在油污和氧化膜等。

3）忌定位焊接头处理不到位、焊枪角度选择不合理，否则易造成焊接缺欠的产生。

解决措施：对组装过程中的定位焊缝进行适当的修磨，要求将定位焊接头打磨成缓坡状，如果接头不处理将造成接头位置焊缝未熔合等缺欠，同时，如果在焊接时焊枪角度选择不正确，则容易引起焊缝熔合不良。

4）忌编程后不进行程序试运行。

解决措施：在编程完后必须第一时间进行程序试运行，由于环形焊接的特殊性，所以首先要重点关注其运行轨迹是否为圆弧运行，这是因为在系统程序里面有的机器人系统为默认的直线性模式，因此在编程过程中要将直线性模式切换成圆弧模式，这点很关键。其次，确认焊枪旋转的角度是否超过它的极限，若出现这种情况，必须及时修正焊枪的旋转角度，若未修正角度，则很可能在运行程序时无法按照正常的圆弧轨迹进行焊接。

5）忌焊前未进行设备状态进行确认

解决措施：在焊接作业前，必须检查焊接设备和工装是否处于正常工作状态。焊前应检查焊机喷嘴的实际气体流量（允许误差为 +3L/min），自动焊焊丝在 8 圈（焊丝盘）以上，否则需要更换气体或焊丝；检查导电嘴是否拧紧，喷嘴是否需要清理。导电嘴不能只简单地采用手动拧紧，必须采用尖嘴钳拧紧。检查工装状态是否完好，若工装有损坏，应立即通知工装管理员进行核查，并组织维修，禁止在工装异常状态下进行焊接操作。回线应尽可能地连接在与施焊焊缝较近的位置，并且应保证一定的截面，回线夹要夹持有力，从而保证接触处电阻较小，减少能耗，进而保证通过工艺评定得到的 WPS 能够与实际产品焊接相符，如果发现回线截面受损或回线夹有问题应及时维修。

第 7 章

铝合金搅拌摩擦焊操作技巧与禁忌

7.1 搅拌摩擦焊工作原理

搅拌摩擦焊是利用摩擦热作为焊接热源，由搅拌头的高速旋转运动和工件的相对直线移动，并通过对焊接材料的高温摩擦与搅拌来完成焊接的。

在工件相对搅拌头移动或搅拌头相对工件移动的情况下，利用在搅拌针侧面和旋转方向上产生的机械搅拌和顶锻作用，搅拌针的前表面把塑化的材料磨碎并移送到后表面。因而，在搅拌针沿着接缝前进时，只是轴肩前方的对接接头表面被摩擦加热至超塑性状态。搅拌针磨碎接缝，破碎氧化膜，搅拌和重组搅拌头后方的磨碎材料，搅拌头后方的材料冷却后就形成固态焊缝。这种方法可以看作是一种利用固相小孔效应的焊接方法，在焊接过程中，焊针所在处形成小孔，小孔在随后的焊接过程中又被填满，如图 7-1 所示。

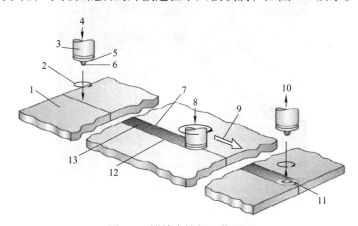

图 7-1　搅拌摩擦焊工作原理

1—母材　2—搅拌头旋转方向　3—搅拌头　4—搅拌头向下运动　5—搅拌头轴肩　6—搅拌针　7—焊缝前进侧
8—轴向力　9—焊接方向　10—搅拌头向上运动　11—尾孔　12—焊缝后退侧　13—焊缝表面

7.2 搅拌摩擦焊工艺

7.2.1 焊接装配与禁忌

搅拌摩擦焊常用于铝合金型材对接或搭接接头的焊接，如图 7-2 所示。两型材在装配时，要求上下型材对接焊缝间隙之和不超过 0.4mm；要求上下型材搭接焊缝间隙≤ 0.4mm。

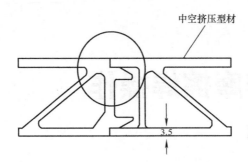

图 7-2　常见型材接头形式

7.2.2　工装夹具与使用禁忌

　　搅拌摩擦焊工装夹具种类较多，有固定式工装夹具、自由式工装夹具，其基本作用也不同，对于大件焊接产品，一般使用的是固定整体式工装夹具，而对于小配件或工件的焊接大都采用可移动自由式工装夹具，如图 7-3 所示。

　　使用禁忌：在对工件进行焊接前，将移动压臂装夹于工件上，但忌阻挡搅拌头前进焊接即可。

图 7-3　可移动自由式工装夹具

7.2.3　搅拌头设计与使用禁忌

　　搅拌头多采用有良好高温下静、动力学和物理特性的抗磨损材料，是搅拌摩擦焊技术的关键所在，由特殊形状的搅拌针和轴肩组成，且轴肩的直径要大于搅拌针的直径，如图 7-4、图 7-5 所示。其好坏决定了搅拌摩擦焊能否获得高性能的焊接接头，能否扩大待焊材料的种类，以及能否提高待焊材料的板厚范围等。

　　1. 搅拌头的分类

　　随着搅拌摩擦焊技术在工业领域应用推广，搅拌头的形状设计也在不断发展。按轴肩的方式分类，分为单轴肩搅拌头、双轴肩搅拌头、可伸缩式搅拌头，见表 7-1。

表 7-1　常用搅拌头类别

类别	说明	图示
单轴肩搅拌头	工程应用中较为常用，适用于各种范围板厚的焊接。其扎入母材部分的搅拌针螺纹形状不一	
双轴肩搅拌头	双轴肩搅拌头适用于中空型材、复杂焊缝的焊接，双面焊接成形效果较好，但不适用于厚板焊接	
可伸缩式搅拌头	可伸缩搅拌头可以通过调整搅拌头长度，一次只适用于焊接厚度不变的焊缝，一种搅拌头适用于多种厚度的板材	

2. 搅拌针的作用

1）在高速旋转时与被焊材料相互摩擦产生部分搅拌摩擦焊接所需要的热量。

2）确保被焊材料在焊接过程中能够得到充分搅拌。

3）控制搅拌头周围塑化材料的流动方向。

3. 轴肩的作用

1）压紧工件。

2）与被焊工件相互摩擦产生搅拌摩擦焊接所需要的部分热量。

3）防止塑性状态材料的溢出。

4）清除工件表面氧化膜。

4. 常用的搅拌头材料

常用的搅拌头材料有 S45C 中碳钢、高碳钢、工具钢和马氏体不锈钢 SUS440C。

5. 搅拌头设计

一般规律为搅拌头要有封锁肩；轴肩直径、搅拌头和工件厚度有一定匹配。在焊接不同厚度的板材时所需要的搅拌头是不同的，见表 7-2，搅拌头如图 7-4 所示。如工件厚度为 10mm 时，选择搅拌针直径 6mm，搅拌针长度 9mm，轴肩直径 18mm，角度 6°，焊缝截面积 120mm^2，搅拌头最大转速为 2000r/min，焊接速度为 50 ～ 200mm/min。

表 7-2　搅拌头设计参数及焊缝截面积

工件厚度 /mm	搅拌针直径 /mm	搅拌针长度 /mm	轴肩直径 d /mm	角度 /（°）	焊缝截面积 /mm^2
3	3	2.8	9	2	18
5	5	4.5	15	4	50

（续）

工件厚度 /mm	搅拌针直径 /mm	搅拌针长度 /mm	轴肩直径 d /mm	角度 /（°）	焊缝截面积 /mm²
10	6	9	18	6	120
15	8	14	24	8	240
20	10	19	30	10	400

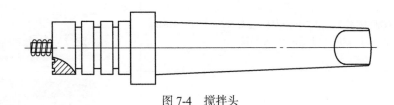

图 7-4　搅拌头

6. 搅拌头使用禁忌

（1）忌未夹紧设备刀柄　搅拌头在装配进设备刀柄内时，如未夹紧将导致设备在高速旋转过程中甩出。

（2）忌与工件或其他物件发生碰撞　搅拌头轴肩与搅拌针部分是由特殊形状结构组成的，当搅拌头与工件或其他物件碰撞时，其表面结构会发生磨损或碰伤，导致焊接过程中出现质量问题。

（3）忌与腐蚀物质接触　搅拌头是由特殊合金材料制成的，其对刚性要求高，与腐蚀物质接触时会影响搅拌头精度。

（4）忌锈蚀　搅拌头表面一旦发生腐蚀，将影响焊接质量。

（5）忌未定期测量　搅拌头在长时间进行焊接时，其搅拌针与轴肩会发生不同程度的磨损，一旦磨损严重，或搅拌针长度达不到工艺要求，则需进行搅拌头的更换。

7.2.4　焊接参数选择与禁忌

搅拌摩擦焊焊接参数主要有搅拌头的倾角、转速、焊接深度、焊接速度及焊接压力。搅拌摩擦焊的焊接参数选择与被焊接材料、厚度及搅拌头的形状密切相关。

（1）搅拌头的倾角　搅拌头倾斜角度的大小与搅拌头的轴肩大小以及被焊接工件的厚度有关，焊接过程中一般控制在 0 ～ 5°，如图 7-5 所示。倾斜的搅拌头在焊接过程中会向转移后的热塑化金属材料施加向前、向下的压力，该压力是保证焊接成功的关键。

倾角选择禁忌：在实际焊接生产过程中，搅拌头的倾角一般设置为 2.5°，过大或过小都将影响焊缝成形及焊缝内部质量。

（2）搅拌头的旋转速度　搅拌头的旋转速度决定着搅拌摩擦焊的热输入功率的大小，而热输入功率的大小对焊缝的性能有较大的影响，因此需针对不同

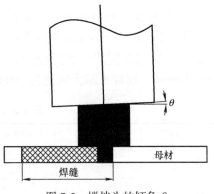

图 7-5　搅拌头的倾角 θ

特性的材料来选用搅拌头的旋转速度。

转速选择禁忌：焊接转速的选择应与焊接速度相匹配，不同焊接产品所使用的焊接旋转速度不同，其主要需通过工艺验证确定，焊接过程中忌随意调整旋转速度。

（3）焊接速度　焊接速度就是搅拌头和工件之间的相对运动速度，焊接速度的快慢决定着焊缝的外观成形及焊缝质量。焊接速度过快时，焊缝中很可能出现沟槽或隧道孔洞等缺陷。一般来说被焊工件的厚度决定了搅拌摩擦焊的焊接速度。

焊接速度选择禁忌：焊接速度的选择与焊接压力或转速相匹配，不同焊接产品或不同厚度材料焊接，使用焊接速度不同，合理的焊接速度需通过焊接工艺验证确定，焊接过程中，忌随意调整焊接速度。

（4）焊接压力　搅拌摩擦焊的焊接压力指焊接时搅拌头向焊缝施加的轴向顶锻压力。焊接压力的大小与工件材料的硬度、刚度等物理特征以及搅拌头的形式和焊接时搅拌头压入被焊材料的深度有关。

焊接压力选择禁忌：在实际生产中，焊接压力大小与焊接材料成分及材料厚度有关，铝合金材料焊接中，焊接压力同样应与焊接速度、转速相匹配，同时需要通过工艺验证确定，焊接过程中，忌随意调整焊接压力。

通过焊接不同铝合金系列可以发现，不同铝合金材料搅拌摩擦焊焊接参数是不同的，见表 7-3。

表 7-3　不同材料的搅拌摩擦焊焊接参数对比

铝合金种类	搅拌头旋转速度 /（r/min）	焊接速度 /（mm/min）	搅拌头倾角 /（°）
1xxx	800 ～ 1500	50 ～ 200	1.5
2xxx	200 ～ 600	30 ～ 150	2
3xxx	500 ～ 1500	50 ～ 200	2.5
4xxx	600 ～ 1500	50 ～ 250	2.5
5xxx	800 ～ 2500	80 ～ 1500	2
6xxx	800 ～ 2000	100 ～ 750	2

7.2.5　焊接操作技巧与禁忌

1. 搅拌摩擦焊操作步骤

通过操控设备仪表盘，实现控制搅拌头的焊接功能。搅拌摩擦焊的焊接操作过程主要分四步，见表 7-4。

表 7-4　搅拌摩擦焊焊接步骤

序号	步骤	图示	说明
1	旋转		搅拌头工具对准焊缝中心线，在设备主轴作用下，按一定的速度旋转。铝合金材质焊接时，搅拌头转速一般为 300 ～ 1700r/min

（续）

序号	步骤	图示	说明
2	扎入		搅拌头在设备主轴压力 F 作用下，压入母材中
3	预热		旋转的搅拌头压入母材后，在同一个位置维持旋转并停留一定的时间，起到预热作用，使待焊接位置金属塑性软化
4	焊接		搅拌头在设备带动下，沿着焊接方向移动。3～15mm 板厚的铝合金材质的焊接速度可达 200～800mm/min

在焊接过程中，搅拌头在旋转的同时，搅拌针压入工件的接缝中，如图 7-6 所示，旋转搅拌头与工件之间的摩擦热，使搅拌头前面的材料发生强烈塑性变形，然后随着搅拌头的移动，高度塑性变形的材料流向搅拌头的背后，从而形成搅拌摩擦焊焊缝。

图 7-6　搅拌摩擦焊焊接

2. 焊接操作禁忌

（1）忌焊接工件未清洗　铝合金工件表面留有氧化膜，其熔点达 1000℃以上，而搅拌摩擦焊焊接过程中最高温度仅 600℃左右，因此焊接过程中，氧化膜无法完全熔化，熔入焊缝中的氧化膜将形成 S 曲线，影响焊缝质量。

（2）忌焊接过程中随意调整焊接参数　焊接参数的选择是通过严格的焊接工艺验证确定的，各焊接参数相互匹配，随意调整其中一个焊接工艺参数，将对焊缝质量造成无法预判的影响。

（3）忌焊接操作过程中未跟踪焊缝情况　搅拌摩擦焊焊接过程中主要依靠摄像界面观察焊缝成形情况，随时观察焊接过程中焊缝质量问题的发生，操作者若未及时跟踪焊缝情况，一旦出现焊缝未完全下压或压深，将导致产生严重的焊接质量问题。

（4）忌未装紧工件进行焊接　搅拌摩擦焊对焊接工装的要求比较高，焊接前，焊接工件四周必须夹持装紧，同时确保工件与工装面贴紧，若工件未夹紧，焊接过程中一旦发生工件移动，焊缝发生偏移，将导致产生严重的焊接质量问题。

（5）忌操作者随意离开设备操作台　对于动龙门设备而言，在设备移动过程中，忌操作者随意离开设备操作台，以免发生质量或安全问题无法及时紧急停止设备运行。

7.3　铝合金搅拌摩擦焊 I 形薄板平对接焊操作技巧与禁忌

1. 设备组成

以龙门式搅拌摩擦焊设备为例，如图 7-7 所示。其结构主要由搅拌摩擦焊控制系统、龙门轨道、焊接工装及液压系统等几部分组成。

a) 整体

b) 搅拌头

c) 控制系统

d) 夹具

图 7-7　搅拌摩擦焊设备主要组成部分

2. 工件装配与禁忌

工件装配是指将工件吊入焊接工装并利用液压压臂加压作用来符合搅拌摩擦焊要求的过程。搅拌摩擦焊对工装及各夹具要求很高,因焊接时整个工件受搅拌头下压的压力作用,装配前必须确保焊接工装面无任何飞边、焊渣等杂物。

图 7-8　工件装配图

工件装配禁忌:

1)忌工件装配时装配间隙超差。一般要求装配间隙控制在 0 ~ 0.4mm。

2)忌两工件装配错边。若焊缝两侧发生错边,将导致错边位置高的部分母材流失较多,从而影响焊缝内部质量。

3. 焊接编程

1)搅拌摩擦焊是通过编程实现的一种自动化焊接,即通过手动设定各焊接参数后,焊缝起始端手动进行对点(将搅拌针对准焊缝中心),然后利用激光跟踪进行焊接。搅拌摩擦焊操作界面如图 7-9 所示。

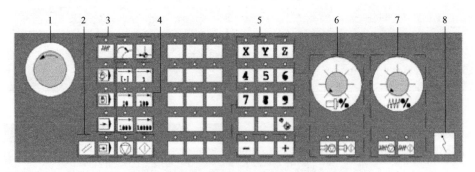

图 7-9　搅拌摩擦焊操作界面

1—急停按钮　2—操作方式(带有机床功能)　3—JOG/ 增量键　4—程序控制
5—带快速横移修调的方向键　6—主轴控制 7—进给控制　8—键开关

2)焊接前需将各焊接参数输入到参数设置界面,如图 7-10 所示,包括待焊焊缝长度、主轴旋转方向(CW 或 CCW)、主轴压入深度、焊接速度(mm/min)、转速(r/min)等。待所有参数设置完毕后,方可通过操作界面各按键的相互配合,并通过摄像头界面观察进行焊接,如图 7-11 所示。

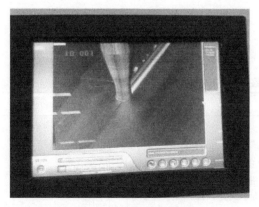

图 7-10　参数设置界面

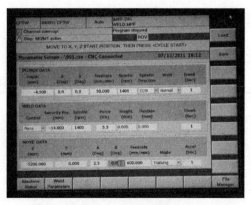

图 7-11　摄像头界面

4. 焊接操作与禁忌

焊接过程中，操作者应始终观察摄像头界面，且根据搅拌头焊接过程中压入焊缝母材的深度来调整焊接速度及焊接压力的大小，如图 7-12 所示。焊后断面宏观金相如图 7-13 所示。

图 7-12　搅拌摩擦焊焊接过程

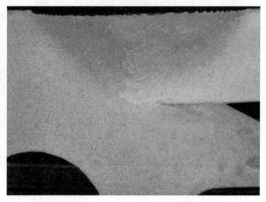

图 7-13　FSW 接头宏观金相

一般判断焊接质量是否良好，可通过搅拌头高速旋转过程中，搅拌头两侧母材流失的多少来判断，飞边流失量过多将形成隧道及沟槽缺欠，如图 7-14 所示。而当搅拌头压入量过少时，焊缝根部无法熔合，形成未熔合等缺欠，如图 7-15 所示。

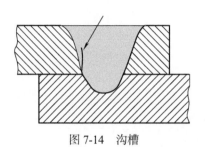

图 7-14　沟槽

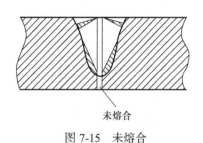

未熔合

图 7-15　未熔合

7.4 搅拌摩擦焊技术的应用

搅拌摩擦焊技术的应用见表 7-5。

表 7-5　搅拌摩擦焊技术应用

应用领域		说明	具体应用
轨道交通领域		在轨道交通车辆领域，搅拌摩擦焊技术的引进，解决了车辆轻量化发展的问题，满足承载安全性的同时又能实现车辆自重减负	高速动车组、地铁车辆、客货运车等车身零部件
船舶领域		在船舶工业上的应用，该技术应用于船舰甲板和壁板等的制造。与传统的焊接制造技术相比，意味着更轻更强的优越性能，同时又能高效节能	大船舰甲板以及高速轮船，气垫船、游艇等
航空航天领域		在航空航天领域应用了大量的搅拌摩擦焊技术，采用搅拌摩擦焊提高了生产效率，降低了生产成本，对航空航天工业来说有着明显的经济效益。	航天飞机的机身、地板等结构，运载火箭燃料储箱等

第 8 章

铝合金激光焊操作技巧
与禁忌

　　铝合金具有高强度、高疲劳强度，以及良好的断裂韧度和较低的裂纹扩散率，同时还有优良的耐蚀性，因此被广泛应用于各种焊接结构和产品中。传统铝合金焊接一般采用 TIG 焊或 MIG 焊工艺，但所面临的主要问题是焊接过程中较大的热输入使铝合金变形大，且焊接速度慢，生产效率低。由于变形大，随后矫形工作往往浪费大量的时间，增加了制造成本，影响了生产效率和制造质量。而激光束作为一种高能量密度的热源，具有焊接热输入低，焊接热影响区小，焊接变形小等优势，使其在焊接领域得到了迅速的发展和应用，已经逐渐成为传统焊接技术的补充和拓展，对其工艺方法的深入研究为其在国内的应用建立了良好的基础。

　　铝合金对激光反射很强，为了克服铝合金的高反射和高导热性所造成的能量耦合的壁障，铝合金的激光焊接要求更高的功率密度，对激光焊接要求极高。除此之外，铝合金焊接还存在其他一些难点：铝元素的电离能低，焊接过程中光致等离子体易于过热并扩展，焊接过程稳定性差；铝合金属于典型的共晶型合金，在激光焊接快速凝固条件下更容易产生热裂纹；激光焊接熔池深度大，气泡不易上浮，容易产生气孔；液态铝合金流动性良好、表面张力低，焊接过程不稳定造成熔池剧烈反应，容易出现咬边、焊缝成形不连续现象，严重时造成小孔突然闭合使焊接中产生直径较大的孔洞。

8.1　激光焊焊接原理

　　激光焊接是将高强度的激光束照射至金属表面，通过激光与金属的相互作用，金属吸收激光并转化为热能使金属熔化后冷却结晶实现焊接。

　　在焊接过程中，利用激光器使工作物质受激而产生一种单色性高、方向性强、亮度高的光束，通过聚焦后形成一个小斑点，聚焦后的光束功率密度极高，达到 $10^5 \sim 10^7 \mathrm{W/cm^2}$ 或更高。在千分之几秒甚至更短的时间内，将光能转变为热能，其温度能达到 10000℃以上，极易熔化和气化各种对激光有一定吸收能力的金属和非金属材料，从而完成激光焊。

　　激光焊作为一种先进的焊接方法，其优缺点见表 8-1。

表 8-1　激光焊的优缺点

序号	优点	缺点
1	激光焊光斑直径小，能量密度高，可焊接高熔点、高强度合金材料	激光束的激光焦点较小，对工件的装配精度要求较高，稍有偏差就会产生缺欠

（续）

序号	优点	缺点
2	激光焊非常易于导向、聚焦，可用于形状复杂工件、磁性材料以及精密零件的焊接	激光焊接过程中会形成吸收、反射激光的等离子云，降低了金属材料对激光的吸收率，激光的能量利用率较低
3	可获得高质量的焊接接头和较大的深宽比，且焊接速度快，生产效率高	激光焊接中熔融金属凝固速度快，熔池中的气体来不及逸出，易形成疏松或气孔缺欠
4	焊接热输入小，热影响区小，焊后工件变形小，后续工序处理简单	激光焊接时一般不填充其他材料，由于母材的间隙和金属气化蒸发，焊接后接缝处一般存在凹陷
5	易于控制，便于实现机械化和自动化	
6	不需要真空条件和射线防护，污染较小	

激光焊接特性。激光焊接属于熔化焊接，以激光束为能源，冲击在工件接头上。激光束可由平面光学元件（如镜子）导引，随后再以反射聚焦元件或镜片将光束投射在焊缝上，表面热量通过热传导向内部扩散，通过控制激光脉冲的宽度、能量、峰值功率和重复频率等激光参数，使工件熔化形成特定的熔池，如图 8-1 所示。作业过程不需加压，但需使用惰性气体防止熔池氧化，填充金属偶有使用。

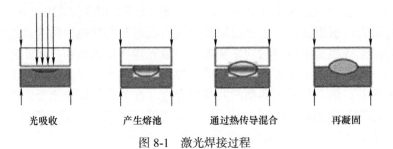

光吸收　　　　产生熔池　　　　通过热传导混合　　　　再凝固

图 8-1　激光焊接过程

8.2　激光焊焊接工艺

8.2.1　焊接装配

1. 装配间隙和错边

装配质量的好坏是保证焊接质量的重要环节。如果装配间隙和错边超限，易产生烧穿、焊缝成形不良和未焊透等缺欠。角接、对接接头装配间隙要尽可能小。表 8-2 列出了手持激光自熔焊时对间隙和错边的要求。

表 8-2　手持激光自熔焊允许间隙和错边尺寸

序号	板厚 /mm	接头形式	间隙 /mm	允许局部错边尺寸 /mm
1	$1 \sim 3$	搭接	0.2	—
2	$1 \sim 3$	I 形焊缝	$0 \sim 0.5$	$\leqslant 0.5$
3	$1 \sim 3$	角接	$\leqslant 0.1t$ 最小	—

2. 定位焊

为保证工件尺寸减小变形，防止焊接过程中由于扭曲变形而使待焊处错位，焊前大多需要定位焊。装配定位焊采用与正式焊接相同的工艺方法。定位焊缝长度为 20 ～ 30mm，对定位焊缝质量要求比正式焊接熔深、熔宽要小。定位焊时一般采用比正式焊接较快的前进速度。在保证定位焊缝连接可靠的前提下，定位焊缝应低平、细长，定位焊缝不易过大、过宽、过高。定位焊缝同样应有充分的保护，避免氧化。

8.2.2　工装夹具

激光焊多用于薄板焊接。在薄板焊接中，多数情况是在工件的正面进行焊接，并使背面充分熔化，得到背面成形良好的焊缝。对焊接参数的选择，如果热输入低，会造成背面未熔合；如果热输入较大，虽然背面可以充分熔透，但可能因熔化金属自身重力而造成焊穿，或者是熔化宽度和工件厚度不成比例。为防止烧穿现象的发生，薄板焊接时如果工件具备装夹条件，应考虑采用夹具夹紧焊接，正面压紧，背面加上铜垫板或不锈钢垫板，防止焊接变形造成装配间隙的改变、产生错边，以及防止热塌陷。当工件由于结构上的原因存在各区域散热条件不均匀时，采用夹具改善散热变化的不同也是有效的，其目的就是要形成正反面尺寸均匀的焊缝。

8.2.3　焊接参数的选择

一般而言，激光焊的焊接参数有激光功率、激光脉冲宽度、离焦量、焊接速度和保护气体等。

1. 激光功率

激光焊接中存在一个激光能量功率密度阈值，低于此值，熔深很浅，一旦达到或超过此值，熔深会大幅度提高。只有当工件上的激光功率密度超过阈值，等离子才会产生，这标志着稳定深熔焊的进行。如果激光功率密度低于此阈值，工件仅发生表面熔化，即焊接以稳定热传导型进行。而当激光功率密度处于小孔形成的临界条件附近时，深熔焊和热传导交替进行，成为不稳定焊接过程，导致熔深波动很大。

激光功率是激光加工中最关键的参数之一，也是决定焊缝熔深的主要因素。在聚焦光斑直径一定的情况下，激光功率密度与激光功率成正比，激光功率越高，则熔深越大，焊接速度也越快。但过大的激光功率会使熔池严重过热，熔宽和热影响区增大，同时还会使焊接过程中飞溅增多，易污染焊接镜头。采用较高的激光功率，在微秒时间范围内，表层即可加热至沸点，并大量气化。因此，高功率对于材料去除加工如打孔、切割、雕刻十分有利。对于较低功率，表层温度达到沸点需要经历数毫秒，在表层气化前，底层达到熔点，易形成良好的熔化焊接。

2. 激光脉冲宽度

激光脉冲宽度简称脉宽，是脉冲激光焊接的重要参数，脉宽由熔深与热影响区确定，脉宽越长，热影响区越大，熔深以脉宽的 1/2 次方增加。但脉宽的增大会降低峰值功率，因此，增加脉宽一般用于热传导焊接方式，形成的焊缝尺寸宽而浅，尤其适合薄板和厚板的搭接。但是，较低的峰值功率会导致多余的热输入，每种材料都有一个可使熔深达到最大的最佳脉宽。

3. 离焦量的选取

激光熔焊时，聚焦光斑的位置很重要，当焦点位于工件表面以上时，熔深较小，不宜进行深熔焊；当焦点位于工件表面以下时，工件内部功率密度比表面还高，易形成更强的熔化、气化，使光能向工件更深处传递，形成较大的熔深。离焦方式有两种，离焦平面位于工件上方，为正离焦；反之为负离焦。实际应用时，厚板熔深较大，采用负离焦，激光焦点一般位于工件表面下方 1～2mm 处为宜；焊接薄板时，宜用正离焦，焦点位于工件表面上方 1～1.5mm 处。

4. 焊接速度

在其他参数保持不变的情况下，熔深随焊接速度的增加而减少，焊接效率随焊接速度的增加而提高，但焊接速度过快会使熔深达不到焊接要求；焊接速度过慢又会导致材料过度熔化，焊缝过宽，热影响区过热，热裂纹倾向增大，在脉冲激光焊时焊接速度还要由脉冲频率上限及满足要求的熔斑重叠度共同决定，也即焊缝必须保证每一个后续脉冲熔斑有一定程度的重合。因此，对一定激光功率和一定厚度的特定材料有一个合适的焊接速度范围，并在其中相应速度值时可获得最大熔深。

5. 保护气体

激光焊接过程常使用惰性气体来保护熔池，当某些材料焊接可不考虑表面氧化时则也可不予保护，但对大多数应用场合则需要进行保护，铝合金激光焊接传统上采用 Ar、N_2 和 He 三种保护气体，使工件在焊接过程中免受氧化。

理论上 He 最轻且电离能最高，但是在较低功率、较高焊接速度下，由于等离子体很弱，所以不同保护气体差别很小。研究表明，在相同条件下，使用 N_2 可较容易诱导小孔，主要由于 N_2 和 Al 之间可发生放热反应，由放热反应生成的 Al-N-O 三元化合物对激光的吸收率要高一些，纯 N_2 会在焊缝中产生 Al-N 脆性相，同时易生成气孔。而采用惰性气体保护，由于质量轻而逸出，不至于造成气孔，因此采用混合气体保护效果好。近年来，采用 Ar-O_2，N-O_2 等混合气体保护进行铝合金激光焊的研究越来越多。

6. 材料吸收值

材料对激光的吸收取决于材料的一些重要性能，如吸收率、反射率、热导率、熔化温度、蒸发温度等，其中最重要的是吸收率。

影响材料对激光光束吸收率的因素包括两个方面：首先是材料的电阻系数，经过对材料抛光表面的吸收率测量发现，材料吸收率与电阻系数的平方根成正比，而电阻系数又随温度而变化；其次是材料的表面状态对光束吸收率有较重要影响，从而对焊接效果产生明显作用。

8.3 手持式光纤激光焊操作技巧与禁忌

1. 操作时应尽量避免弧光辐射

手持光纤激光焊接机使用的光纤激光器属于第 4 级激光仪器。该产品发出的波长在（1080±3）nm 的激光辐射，且由输出头辐射出的激光功率大于 1000W（具体取决于型号），直接或间接地暴露在这样的光强度之下会对眼睛或皮肤造成伤害。尽管该辐射光不可见，但光束仍会对视网膜或眼角膜造成不可恢复的伤害。因此，在激光器运行时必须全程佩戴合适且经过认证的激光防护眼镜。此外，即使佩戴了激光安全防护眼镜，在激光器通电时（无论是否处于出光状态）也严禁直接观看输出头。

2. 焊接参数设定

在触摸屏上激光功率设定为小功率如图 8-2 所示，将焊接头铜嘴接触靠在工件上，按动焊枪开关，即可出光焊接。激光频率 5000Hz，振镜速度 300 ～ 600，开气延时尽量 > 100ms，激光占空比 100% 为连续出光，焊缝宽度根据工件装配间隙调节，功率为 0 ～ 1000W 可调，即设备功率的 0 ～ 100% 可调。所有数据写好后点击 "OK"，再点击保存参数，方可设定有效。

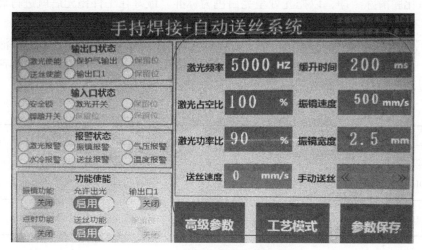

图 8-2　手持激光焊接系统触摸屏

3. 忌过量提高焊接速度

光源移动形成焊缝（见图 8-3），深度和宽度取决于焊接速度和激光功率，通常的焊接速度为 1 ～ 3 m/min，光滑表面，无鱼鳞纹，深宽比 <1。在焊接电流和电弧电压确定的条件下，如果改变焊接速度会直接影响焊缝的热输入，熔深和熔宽也会随之改变。焊接速度过快时，激光对母材的加热明显不足，导致熔深减小、熔宽变窄、咬边、气孔及未焊透等缺欠。

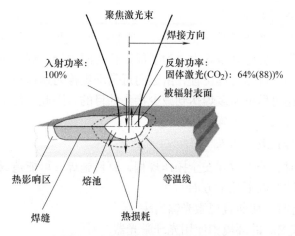

图 8-3　手持激光焊热传导焊原理

4. 忌表面清理不彻底

铝和氧的化学结合力很强，常温下铝合金表面就能被氧化而生成厚度为 0.1 ~ 0.2μm 的氧化膜（Al_2O_3），焊接处于高温时氧化更加剧烈，氧化铝的熔点高达 2050℃，远超过铝及铝合金的熔点（约 660℃），覆盖在熔池表面会妨碍焊接过程的正常进行。此外，氧化铝比铝及铝合金密度大，在熔池中还会妨碍金属间良好结合而形成夹渣。因此，对工件接口表面氧化铝一定要认真清理，方可进行焊接。

（1）焊前清理　焊前清理方法有机械清理或化学清理。

1）机械清理。此法简单方便，对于铝合金，可用不锈钢丝刷或风动不锈钢丝轮将焊缝区域内的氧化膜清除干净，以抛光处呈亮白色为标准。最好在工件抛光后就进行焊接，若在36h 之内没有进行焊接，则焊前应重新抛光焊接区域。

2）化学清理。依靠化学反应的方法去除焊丝或工件表面的氧化膜，清洗溶液和方法因材料而异，表 8-3 为铝及铝合金的化学清理方法。清除油污、灰尘可以用有机溶剂（汽油、异丙醇）浸泡和擦洗焊接部位后擦干。

表 8-3　铝及铝合金的化学清理方法

材料	碱性			冲洗	中和光化			冲洗	干燥
	溶液	温度 /℃	时间 /min		溶液	温度 /℃	时间 /min		
纯铝	NaOH6% ~ 10%	40 ~ 50	≤ 20	清水	HNO3 30%	室温	1 ~ 3	清水	风干或低温干燥
铝合金	NaOH6% ~ 10%	40 ~ 50	≤ 7	清水	HNO3 30%	室温	1 ~ 3	清水	

5. 应尽量减少气孔缺欠

氢气孔是铝及铝合金激光焊最常见缺欠，为了减少氢气孔的产生，应对工件表面水、油污和氧化膜等进行消除，可有效减少气孔产生的概率。必要时，延长熔池冷却时间，由于激光焊接的特性，其热循环时间快，熔池冷却时间短，熔池中析出的气体往往来不及逸出，所以延长熔池冷却时间也是减少气孔产生的有效方法，具体可以延长焊接脉宽。焊接时，激光在焦点或负离焦位置焊接时，熔池反应剧烈，合金元素气化严重，往往成为产生气孔的气体来源，当改变离焦位置，使焊接能量更加柔和，则可减少金属元素气化而形成的气孔。

6. 焊工不可忽视持枪姿势

由于（手持式光纤）激光焊枪（见图 8-4）比氩弧焊枪重，而且后面拖着一根沉重的焊枪电缆，因此焊工操作时会感到很吃力。为了保证长时间焊接，焊工应双手持枪，喷嘴与焊缝待焊接区域直接接触，目测待焊位置，由远向近带动焊枪匀速拖行，焊接中既不感觉到太累，又不感觉别扭，还要尽可能多焊达到减少接头的目的。因此，每个焊工都不能忽视持枪的姿势，应视焊接位置来确定正确的持枪姿势。

7. 焊工在操作中禁止激光伤人

手持式激光焊接时，若不遵守安全操作规程，盲目施焊，可能造成安全生产责任事故。因此，焊工工作时应注意以下几个方面。

1）激光器在运行时，切勿直视激光输出头。

2）请勿在昏暗或黑暗的环境中使用光纤激光器。

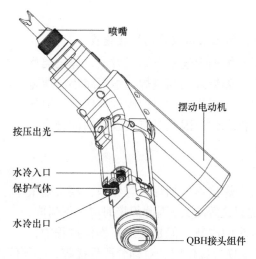

图 8-4　激光焊枪结构

3）激光焊设备在启动后，禁止焊枪出光口对准人员。

4）距离激光焊区域 3m 范围内必须使用金属隔离屏进行保护。

5）焊接操作过程中除操作者外禁止其他人员进入焊接隔离区域。

6）操作人员正确穿戴劳动防护用品，佩戴专用防护眼镜、呼吸口罩、手套等。即使佩戴了激光安全防护眼镜，在激光器通电时（无论是否处于出光状态）也严禁直视输出头。

7）设备顶板上放置有焊枪及光缆，须小心取用，保证光纤线缆的最小弯曲半径 > 200mm。

8）激光器在停用时，须关闭功能使能区允许出光键，如图 8-5 所示。

图 8-5　手持式激光焊控制面板允许出光键

8.喷嘴的若干禁忌

为了保证气体对熔池良好的保护效果，对喷嘴质量应严格要求，比如：

1）喷嘴内壁应光滑，与激光要同心。

2）因喷嘴与工件直接接触，所以当受热变形不利于焊枪匀速拖行时，应及时更换。

3）喷嘴前端开口的大小（见图 8-6），会直接影响焊缝质量。一般情况下，喷嘴前端开口越大，气体流量也越大，势必加快焊缝的凝固速度，焊缝产生气孔和裂纹缺陷的概率也会增大。

9. 有裂纹倾向的合金，禁止采用较快的焊接速度

手持式激光焊接采用不填加焊丝及自熔式方法，焊枪类型属于左右摆动振镜焊接头，如果采用高速焊，熔深减小、熔宽变窄、咬边及受空气的阻碍，则使保护层偏离焊接区、熔池暴露在空气中，导致保护条件恶化，因此对有裂纹倾向的合金，通常采用较低的焊接速度。

图 8-6　喷嘴前端开口对比

10. 不可忽视接头质量

由于温差及手持式激光焊接不填加焊丝等原因，接头处很容易形成焊穿、弧坑、弧坑裂纹等缺欠，因此焊接时应一气呵成，尽量避免停弧，以减少接头的次数。但是在实际操作过程中，接头是无法避免的，比如变换焊接位置、对称分段焊接等，必须停弧。则在停弧前采用比正常焊接稍快的焊接速度拖行 10mm，避免弧坑和裂纹的出现，重新起弧的位置应该在原弧坑的后面，使焊缝重叠 20mm，确保接头处焊接质量。

11. 不可忽视焊枪运动方式

操作时采用由远及近向操作者自身往回拉的方法，焊枪不允许作横向摆动，目视熔池与焊缝交接处、观察其焊缝成形一致时焊枪应匀速运动。立焊时不宜采用立向上焊接，应该是立向下焊接，因为激光束的激光焦点较小，激光焊接中熔化金属凝固速度快，且立向下焊接更利于焊枪往回拖行时匀速运动。

12. 搭接焊缝应避免咬边、焊脚过小、塌陷

手持式激光焊接搭接焊缝，应适当改变焊枪激光入射角度，使立板占比 2/3 的振镜宽度，如图 8-7 所示。确保在熔化立板母材作为填充金属的同时，又通过热传导及另 1/3 振镜宽度使底板熔化，并且使熔融态立板与底板混合作为填充金属，冷却后形成足够尺寸的搭接焊缝，否则将会严重削弱焊缝的强度，使焊缝抗裂能力降低，甚至造成结构断裂。因此，应杜绝咬边、焊脚过小、塌陷等缺欠的产生。

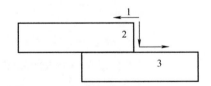

图 8-7　2/3 的振镜宽度在工件上的位置

13. 铝合金激光焊应降低反射率

当高强度激光束发射至铝合金表面时，铝合金表面会将 60% ~ 98% 的激光能量反射而损失掉。铝合金表面温度升高至熔点时，反射率会迅速下降，当表面处于熔化状态时，反射稳定于某一值。入射角越大，吸收率越小。当激光垂直于铝合金表面照射时，铝合金对激光的吸收率最大。但通常为了保护激光出射镜头，需要维持一定的入射角。为了降低反射率，在铝合金表面可用机械和化学方法清除氧化膜。

14. 激光焊接时如何正确用"气"

在激光焊接中，保护气体会影响焊缝成形、焊缝熔深及熔宽，从而影响焊接质量，大多数情况下，保护气体会对焊缝产生积极的作用，但也可能带来不利的影响。Ar 的电离能相对较低，在激光作用下电离程度较高，不利于控制等离子体云的形成，会对激光的有效利用率产生一定的影响。但是 Ar 活性非常低，不仅很难与金属发生化学反应，而且 Ar 成本较低。除此之外，Ar 的密度较大，有利于下沉至焊缝熔池上方，可以更好地保护焊缝熔池，因此可以作为常规保护气体使用。N_2 的电离能适中，比 Ar 的高，比 He 的低，在激光作用下电离程度一般，可以较好地减小等离子体云的形成，从而提高激光的利用率。N_2 在一定温度下可以与铝合金、碳素钢发生化学反应，产生氮化物，会提高焊缝脆性，使焊缝韧性降低，对焊接接头的力学性能产生较大的不利影响，因此，不建议使用 N_2 对铝合金和碳素钢焊缝进行保护。因为 N_2 与不锈钢发生化学反应产生的氮化物可以提高焊接接头的强度，会有利于焊缝的力学性能提高，所以在焊接不锈钢时可以使用 N_2 作为保护气体。

15. 保护气体的流量决定熔池保护效果

保护气体是通过喷嘴以一定的压力射出到达工件表面，喷嘴的流体力学形状和出口的直径大小十分重要，其必须足够大，以驱使喷出的保护气体覆盖焊接表面，但为了有效保护透镜，阻止金属蒸气污染或金属飞溅损伤透镜，喷口大小应加以限制，流量应加以控制，否则保护气体的层流变成紊流，空气卷入熔池，最终形成气孔。

手持式激光焊时气体流量一般为 7L/min。气体流量过大，会导致空气污染物与熔池搅拌，从而导致保护气体不纯，因此应正确选择气体流量。

16. 激光焦点位置选择

焦点位置：光斑最小点、能量最大点，点焊时可以使用，或者小能量且要求焊点最小时采用，如图 8-8 所示。

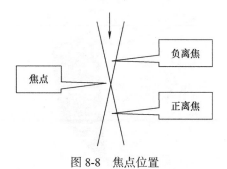

图 8-8 焦点位置

负离焦位置：光斑略大，越远离焦点光斑越大，适合深熔焊的连续焊接及深熔点焊。

正离焦位置：光斑略大，越远离焦点光斑越大，适合表面封焊的连续焊接或者熔深要求不高的场合。

连续穿透焊的一般工艺控制：单点如果背面可以看到轻微变色的痕迹，那么在连续穿透焊时质量较好；如果背面看到明显的痕迹，甚至可以感觉到已经穿透，则在连续焊接时会产生飞溅，甚至出现一条深坑。具体应根据实际样品调整焦距、能量大小以及波形。

越薄的材料，所需要的光斑越小，否则就会出现焊穿的情况。

8.4　铝合金激光焊接操作技巧与禁忌

8.4.1　铝合金薄板平对接焊单面焊双面成形

1. 焊前准备

（1）工件准备

1）工件规格。6082T6 铝合金板 300mm×150mm×2mm，2 件，I 形坡口，如图 8-9 所示。

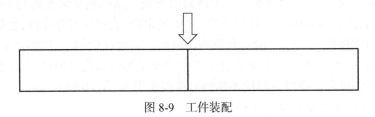

图 8-9　工件装配

2）焊接要求：手持激光焊接，单面焊双面成形，因采用不填丝激光焊，正面焊缝可低于母材表面 0.2mm。

3）保护气体。氩气（纯度 99.99%），气体流量为 6～8L/min。

4）焊接设备。无锡焊神手持式光纤激光焊接机，型号 HLW-F1000，如图 8-10 所示。

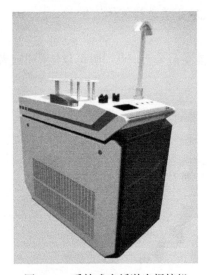

图 8-10　手持式光纤激光焊接机

（2）准备工作

1）激光焊机使用前，应检查焊机各处的接线是否正确、牢固、可靠，按要求调试好焊接参数。

2）用异丙醇将工件表面的油污清洗干净。采用风动不锈钢丝轮打磨坡口正背两面两侧 20mm 范围内表面的氧化膜，要求呈亮白色，不允许存在油污和氧化膜等。

3）准备好工作服、焊工手套、专用防护眼镜、呼吸口罩、打磨面罩、钢丝刷及焊缝量尺等。

（3）工件装配

1）装配间隙。装配间隙为 0 ～ 0.2mm。

2）定位焊。采用手持式激光焊，定位焊缝长度为 20mm。定位焊应注意焊接速度，在激光功率不变的情况下，比正常焊接速度要快 1/2，并确保喷嘴与工件直接接触，焊枪匀速拖行。

2.焊接参数

铝合金薄板对接手持激光焊参数见表 8-4。

表 8-4　铝合金薄板对接手持激光焊参数

接头形式	焊接位置	激光频率 /Hz	振镜速度 /（mm/s）	激光占空比 （%）	振镜宽度 /mm	激光功率 /W	开气延迟 /ms	焊接速度 /（mm/s）
BW	PA	8000	500	100	3	990	350	7

3.操作要点及注意事项

（1）工件装夹　将已经定位焊的试板放入焊接工装的垫板上，并用工装夹板与螺栓将试板夹紧，具体夹紧方式如图 8-11 所示。

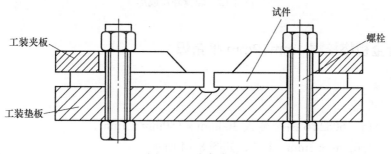

图 8-11　夹紧方式

（2）焊枪角度　焊枪与焊缝呈 70°～ 80°，如图 8-12 所示。

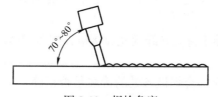

图 8-12　焊枪角度

（3）焊接操作要点　为保证焊缝起头位置的保护效果，焊前先按送气对准起弧位置放气 8 ～ 10s。打开控制开关，待两侧母材开始熔化时立刻匀速拖行焊枪，采用直线运条方式进行焊接。在焊接过程中，在确认母材充分熔化，控制好焊枪移动速度；速度太快，易产生熔深不足的焊接缺欠；速度太慢会产生焊穿问题；只有合适的焊枪移动速度，才能有效地保证焊缝成形良好。

（4）接头　因采用无填丝激光焊，所以施焊过程若要中断，则以相对较快速度拖行焊枪 10mm 左右，然后切断控制开关，由于速度加快，因此熔池由大变小、熔深由深变浅，可避免出现弧坑裂纹和缩孔。接头时焊前也无需将停弧处焊缝打磨成斜坡状，在距离停弧处前 10mm 处重新打开控制开关，待焊缝完全熔化并熔合后再转入正常焊接即可。

（5）收弧　收弧时，在距离工件末端 10mm 左右位置，以相对较快速度拖行焊枪，然后切断控制开关，因速度快，所以熔池由大变小、熔深由深变浅。激光熄灭后，应延长对收弧处氩气保护，以避免氧化出现弧坑裂纹和缩孔。

4. 焊后清理检查

焊接结束后，关闭焊机，用不锈钢丝刷清理焊缝表面。用肉眼或低倍放大镜检查表面是否有气孔、裂纹、咬边等缺欠；用焊缝检测尺测量焊缝外观尺寸，如图 8-13 所示。

图 8-13　焊缝外观成形

8.4.2　铝合金板搭接焊 1mm+2mm 平角焊

1. 焊前准备

（1）工件准备

1）工件规格。6082T6 铝合金板 300mm×150mm×1mm，1 件；300mm×150mm×2mm，1 件；如图 8-14 所示。

2）焊接要求。手持激光焊接，z1 平角焊，采用不填丝激光焊，所以底板背面不应焊透。

3）保护气体。氩气（纯度 99.99%），气体流量为 6～8L/min。

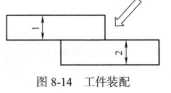

图 8-14　工件装配

4）焊接设备。无锡焊神手持式光纤激光焊接机，型号 HLW-F1000。

（2）准备工作

1）激光焊机使用前，应检查焊机各处的接线是否正确、牢固、可靠，按要求调试好焊接参数。

2）用异丙醇将试板表面的油污清洗干净。采用风动不锈钢丝轮打磨坡口正背两面两侧 20mm 范围内表面的氧化膜，要求呈亮白色，不允许存在油污和氧化膜等。

3）准备好工作服、焊工手套、专用防护眼镜、呼吸口罩、打磨面罩、钢丝刷及焊缝量尺等。

（3）工件装配

1）装配间隙。装配间隙为 0～0.2mm。

2）定位焊。采用手持式激光焊，定位焊缝长度为 20mm，共三段。定位焊应注意焊接速度，在激光功率不变的情况下，比正常焊接速度要快 1/2，并确保喷嘴与工件直接接触，焊枪匀速拖行。

2. 焊接参数

铝合金薄板搭接平角焊手持激光焊参数见表 8-5。

表 8-5　铝合金板搭接平角焊手持激光焊参数

接头形式	焊接位置	激光频率 /Hz	振镜速度 /（mm/s）	激光占空比 （%）	振镜宽度 /mm	激光功率 /W	开气延迟 /ms	焊接速度 /（mm/s）
FW	PB	8000	800	100	4	800	150	16.5

3. 操作要点及注意事项

（1）试板固定　确保焊接正常进行。

（2）焊枪角度　焊枪与焊缝呈 70°～80°，如图 8-15 所示。

（3）焊接操作要点　为保证焊缝起弧位置的保护效果，焊前先按送气对准起弧位置放气 8～10s。采用不填丝激光焊，振镜宽度（红色光标）2/3 对准搭接的上层试板，熔化母材金属作为焊缝填充金属，保证焊脚饱满，不咬边。打开控制开关，待母材开始熔化且熔化金属与母材熔合时立刻匀速拖行焊枪。采用直线运条方式进行焊接。在焊接过程中，应确保母材有足够熔化量，焊接时控制好焊枪移动速度；速度太快，易产生熔深不足的焊接缺欠；速度太慢会导致底板焊穿；只有合适的焊枪移动速度，才能有效保证焊缝成形良好。

图 8-15　焊枪角度

（4）接头　因采用不填丝激光焊，所以施焊过程若要中断，则以相对较快速度拖行焊枪 10mm 左右，然后切断控制开关，由于速度加快，因此熔池由大变小、熔深由深变浅，可避免出现弧坑裂纹和缩孔。接头时，焊前也无需将停弧处焊缝打磨成斜坡状，在距离停弧处前 10mm 处重新打开控制开关，待焊缝完全熔化并熔合后再转入正常焊接即可。

（5）收弧　收弧时，在距离试板末端 10mm 左右位置，以相对较快速度拖行焊枪，然后切断控制开关，因速度快，所以熔池由大变小、熔深由深变浅。激光熄灭后，应延长对收弧处氩气保护，以避免氧化，出现弧坑裂纹和缩孔。

4. 焊后清理检查

焊接结束后，关闭焊机，用不锈钢丝刷清理焊缝表面。用肉眼或低倍放大镜检查表面是否有气孔、裂纹、咬边等缺欠；用焊缝检测尺测量焊缝外观尺寸，如图 8-16 所示。

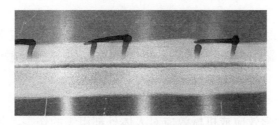

图 8-16　焊缝外观成形

第 *9* 章

铝合金焊接安全与劳动保护

国家对焊工的安全健康历来非常重视。为了保证焊工的安全生产，国家安全生产监督管理总局颁布《特种作业人员安全技术培训考核管理规定》中明确规定：焊接与热切割作业是特种作业，直接从事特种作业者——焊工，是特种作业人员。特种作业人员，必须进行专门的安全技术理论学习和实践操作训练，并经考试合格后，方可进行独立作业。只有经常对焊工进行安全技术和劳动保护的教育与培训，使其从思想上重视安全生产，明确安全生产的重要性，增强责任感，了解安全生产的规章制度，熟悉并掌握安全生产的有关措施，才能有效地避免和杜绝事故的发生。

焊接作业的安全技术和劳动保护是非常重要的。因为焊接作业使用了易燃、易爆、高压气体和电弧，焊工作业时要与各种化工设备、压力容器、机电设备，以及与易燃、易爆气体接触，有时还要在高空、水下、容器设备内等特殊环境下作业，焊接过程中还会产生有毒有害气体、烟尘、弧光、射线、高温等，这些因素对焊工和周围环境具有较大危害性。若违章操作，随时都可能引起爆炸、火灾、灼烫、中毒、触电及窒息等事故。只有让每个焊工都熟悉有关安全防护知识，自觉严格遵守安全操作规程，保证安全操作，事故才能得到有效防止和杜绝的。因此，对焊工进行焊接安全技术和劳动保护教育是必不可少的。

9.1 焊接安全技术

9.1.1 电流对人体的伤害形式

电流对人体的伤害形式有电击、电伤、电磁场生理伤害三种形式。

1. 电击

电流通过人体内部时，会破坏人的心脏、肺部以及神经系统的正常功能，使人出现痉挛、呼吸窒息、心颤、心脏骤停，以至危及人的生命。因此，绝大部分触电死亡事故都是由电击造成的。

2. 电伤

电流的热效应、化学效应或机械效应对人体外部组织的伤害。其中主要是间接或直接的电弧烧伤、熔化金属溅出烫伤。

3.电磁场生理伤害

在高频电磁场的作用下,使人产生头晕、乏力、记忆力衰退、失眠多梦等神经系统的症状。

9.1.2　电流对人体伤害的影响因素

1.流经人体的电流

电流通过人体心脏,会引起心室颤动。电流通过人体的持续时间越长,触电的危险性越大。因为人的心脏每收缩一次,中间要间歇 0.1s,所以在这 0.1s 的间歇时间里,心脏对电流最为敏感。如果电流通过的持续时间超过 1s,将与心脏的间歇时间重合,引起心室颤动。更大的电流会促使心脏停止跳动,这些都会中断血液循环,导致死亡。

造成触电事故的电流有以下三种:

1)感知电流。触电时能使触电者感觉到的最小电流。工频交流电的感知电流为 1mA,直流电的感知电流约为 5mA。

2)摆脱电流。人体触电后,能够自己摆脱触电电源的最大电流。工频交流电的摆脱电流约为 10mA,直流电的摆脱电流约为 50mA。

3)致命电流。在较短的时间内,能危及触电者生命的电流。工频交流电的致命电流为 50mA,直流电在 3s 内致命电流为 500mA。

在有防止触电保护装置的前提下,人体允许电流为 30mA。

通过人体的电流大小不同,对人体伤害的轻重程度也不同。通过人体的电流愈大,致死作用的时间就愈短。另外,电流通过人体的时间越长,危险性越大。因此,人体一旦触电,必须立即切断电源,尽可能缩短电流通过人体的时间。

2.电流通过人体的途径

从左手到胸部,电流流经心脏的途径最短,是最危险的触电途径,很容易引起心室颤动和中枢神经失调而导致死亡;从右手到脚的途径危险性要小些,但会因痉挛而摔伤;从右手到左手的危险性又比从右手到脚的危险性要小些;从脚到脚是触电危险性最小的电流途径,但是,往往触电者会因触电痉挛而摔倒,导致电流通过全身或造成二次伤害。

3.人体状况

通过人体的电流大小,取决于线路中的电压和人体的电阻。人体的电阻除人体自身的电阻外,还包括所穿的衣服、鞋等的电阻。干燥的衣服、鞋,以及干燥的工作场地,能使人体的电阻增大。当精神贫乏、人体劳累、皮肤潮湿出汗、带有导电性粉尘、加大与带电体的接触面积和压力、皮肤破损等,人体的电阻都会下降。一般情况下人体电阻为 $1000 \sim 1500\Omega$,在不利的情况下人体电阻一般可达 $500 \sim 650\Omega$,这样就会大大增加触电的可能性。

在触电危险性比较小的环境中,人体电阻按 $1000 \sim 1500\Omega$ 考虑,此环境下的人体允许电流为 30mA,则安全电压为:

$U_{安全} = R_{人体}I_{允许} = (1000 \sim 1500)\Omega \times 30 \times 10^{-3}A = 30 \sim 45V$(我国规定安全电压为 36V)

在触电危险性较大的环境中,人体电阻按 650Ω 考虑,人体允许电流为 30mA,则安全电压为:

$U_{安全} = R_{人体} I_{允许} = 650\Omega \times 30 \times 10^{-3}A = 19.5V$（我国规定安全电压为 12V）

4.电流频率

电流的频率不同，对人体的作用也不同。频率在 25～300Hz 的交流电对人体的伤害最大，而工频为 50Hz 的交流电正好在这一范围内。当频率超过 1000Hz 时，触电危险性明显减轻。在频率 10Hz 时危险性也小一些。高频电流有趋肤效应，也就是说电流频率越高，流经导体表面的电流越多，即触电者身上流经电流的频率越高，危险性越小。电流频率越接近 50Hz～60 Hz，则触电的危害性越大。因此，工频电触电的危险性比其他频率的交流电和直流电都大。

9.1.3 触电

1.触电事故

触电事故是电焊操作的主要危险。因为电焊设备的空载电压一般都超过安全电压，且焊接电源与 380V 或 220V 的电力网路连接，所以在移动和调节电焊设备，或更换焊丝时，一旦设备发生故障，较高的电压就会出现在焊枪、焊件及焊机外壳上，操作者触电的危险性很大。尤其是在容器、管道、船舱、锅炉上进行焊接，周围都是金属导体，触电危险性更大。

2.触电的类型

按照人体触及带电体的方式和电流通过人体的途径，触电有以下四种类型。

（1）单相触电。即当站在地面或其他接地导体上的人，身体某一部位触及一相带电体的触电事故。这种触电的危险程度与电网运行方式有关，一般情况下，接地电网的单相触电比不接地电网的危险性大。电焊大部分触电事故都是单相触电。

（2）两相触电。即当人体两处同时触及电源任何两相带电体而发生的触电事故。这时触电者所受到的电压是 220V 或 380V，触电危险性很大。

（3）跨步电压触电。即当带电体接地，有电流流入地下时，电流在接地点周围地面产生电压降，人在接地点周围，两脚之间出现跨步电压，由此引起的触电事故称为跨步电压触电。

（4）高压触电。即在 1000V 以上高压电气设备上，当人体过分接近带电体时，高压电能使空气击穿，电流流过人体，同时还伴有电弧产生，将触电者烧伤。高压触电事故能将触电者轻则致残，重则死亡。

3.发生触电事故的原因

触电事故有多种不同情况，可分为直接触电和间接触电。直接触电是因人体直接触及焊接设备或靠近高压电网及电气设备而发生的触电。间接触电是人体触及意外带电体所发生的触电。意外带电体是指正常情况下不带电，因绝缘损坏或电气设备发生故障而带电的导体。

（1）发生直接触电的原因

1）更换焊丝、电极和焊接过程中，焊工赤手或身体接触到焊丝或焊枪的带电部分，而脚或身体其他部位与地或工件之间无绝缘防护。

2）在金属容器、管道、锅炉、船舱或金属结构内部施工时，没有绝缘防护或绝缘防护不合格。

3）焊工或辅助人员身体大量出汗，或在阴雨天露天施工，或在潮湿地方进行焊割作业时，因没有绝缘防护用品或绝缘防护用品不合格而导致触电事故发生。

4）在带电接线、调节焊接电流或带电移动设备时，容易发生触电事故。

5）登高焊割作业时，身体触及低压线路或靠近高压电网而引起的触电事故。

（2）发生间接触电的原因

1）焊接设备的绝缘破坏、绝缘老化（或过载）损坏或机械损伤，焊机被雨水或潮气浸湿，焊机内掉入金属物品等都会导致绝缘损伤部位碰到焊接设备外壳，当人体触及外壳时引起触电。

2）焊机的相线及零线错接，使外壳带电。

3）焊接过程中，人体触及绝缘破损的电缆、胶木电闸带电部分等。

4）因利用厂房的金属结构、轨道、管道、桥式起重机吊钩或其他金属材料拼接件，作为焊接回路而发生的触电事故。

9.1.4　防止触电的安全技术措施

1）焊工要熟悉和掌握有关电的基本知识，以及预防触电和触电后的急救方法等知识，严格遵守有关部门规定的安全措施，防止触电事故的发生。

2）防止身体与带电物体接触，这是防止触电的最有效方法。

3）焊接参数控制器的电源电压和照明电压应不高于 36V；锅炉、压力容器等内部最好使用 12V 电源。

4）设备在使用前需用高阻表（摇表）检查其绝缘电阻，绝缘电阻一般 > 0.5MΩ 为合格。并经常检查焊机的绝缘是否良好。焊机的带电端钮（或接线柱等）应加保护罩；焊机的带电部分与机壳应保持良好的绝缘；不允许使用绝缘不良的焊枪和电缆。

5）正确使用劳动防护用品，熔化极气体保护焊时应戴绝缘手套，穿绝缘鞋。在雨天或潮湿处焊接时应用绝缘橡皮垫或垫干燥木板等。特殊情况时必须派专人进行监护。

6）焊机外壳要有完善的保护接地或保护接零（中线）装置及其他保护装置。

7）焊机接线、维修应由电工进行，严禁焊工自行操作。

8）尽可能采用防触电装置和自动断电装置。

9）进行触电急救知识教育，发生触电时，首先要迅速脱离电源，并对触电者采取防摔伤、心肺复苏等急救措施。

9.2　焊接环境保护

9.2.1　焊接环境中的职业性有害因素

1. 环境与环境保护

（1）人与环境　自然界是生命的物质基础。人从环境中摄取空气、水和食物。人与自然环境之间保持着自然平衡关系。环境不断变化，人体对环境的变化有一定的适应范围。由于人为因素，工业生产排出的废气、废渣、废水使环境出现异常变化，超越了人体正常的生理调节范围，会引起人体疾病并影响人的寿命。

因此，环境与人的关系极为密切，环境状态直接关系到人类的生存条件和每一个人的身体健康。《中华人民共和国环境保护法》明确规定，要"保证在社会主义现代化建设中，合理地利用自然环境，防治环境污染和生态破坏，为人民创造清洁适宜的生活和劳动环境，保护人体健康，促进经济发展"，这是各行各业都要贯彻的方针。

（2）必须保护劳动环境　工业生产产生的环境污染物，如各种有害气体、烟尘、有毒物质、噪声、电磁辐射和电离辐射等，除了污染周围的生活环境，还会直接污染生产场所的劳动环境，损害操作者的身体健康。

保护劳动环境，消除污染劳动环境的各种有害因素，是一项极为重要的工作。我国明确规定，对新建、改扩建、续建的工业企业必须把各种有害因素的治理设施与主体工程同时设计、同时施工、同时投产；对现有工业企业有污染危害的，也应积极采取行之有效的措施逐步消除污染，并规定了车间劳动环境的卫生要求。

2. 焊接环境

（1）焊接污染环境的有害因素　焊接过程中产生的有害因素，可分为物理有害因素与化学有害因素两大类。物理有害因素有：焊接弧光、高频电磁场、热辐射、噪声及放射线等。化学有害因素有：焊接烟尘和有害气体等。

铝合金焊接过程中常见的有害因素见表9-1。

表 9-1　铝合金 焊接过程中常见的有害因素

工艺方法	有害因素						
	电弧辐射	高频电磁场	烟尘	有毒气体	金属飞溅	射线	噪声
钨极氩弧焊（铝、钛、铜、镍、铁）	○○	○○	○	○○	○	○	○○
熔化极氩弧焊（铝合金）	○○		○	○○	○		○○

注：○表示强烈程度。其中○轻微，○○中等，○○○强烈。

（2）焊接烟尘　在焊接过程中，凡是母材及焊接材料熔化的焊接与切割过程，都会不同程度地产生烟尘。电焊的烟尘主要包括烟和尘，固体颗粒直径小于 0.1μm 称为烟，直径在 0.1 ～ 10μm 称为尘。焊接烟尘的来源是由焊条或焊丝端部的液态金属及熔渣和母材金属熔化时产生的金属蒸气，在空气中因冷凝及氧化而形成不同粒度的尘埃，其尘粒在 5μm 以下，以气溶胶的形态漂浮于作业环境的空气中。电焊烟尘的浓度及成分主要取决于焊接方法、焊接材料及焊接参数。

（3）放射性　在钨极氩弧焊和等离子弧焊切割作业中使用钍钨电极时，电子束焊的 X 射线都会造成放射性污染。由于生产中常用铈钨电极代替钍钨电极，对电子束焊的 X 射线进行屏蔽，所以在目前的焊接过程中，放射性污染不严重。

9.2.2　焊接作业环境分类

为了预防焊接触电和电气火灾爆炸事故的发生，焊接作业环境按触电危险性及爆炸和火灾危险场所两种形式进行分类。

1. 按触电危险性分类

按可能发生触电的危险性大小，可分为普通环境、危险环境和特别危险环境。

（1）普通环境　这类工作环境触电的危险性较小，需具备以下三个条件。

1）焊接作业现场干燥，相对湿度小于 70%。

2）焊接作业环境现场没有导电粉尘存在。

3）焊接作业现场由木材、沥青或瓷砖等非导电物质铺设，其中金属导电体占有系数小于 20%。

（2）危险环境　具备下列条件之一者，均为危险环境。

1）焊接作业现场潮湿，相对湿度超过 75%。

2）焊接作业现场有导电粉尘存在。

3）有泥、砖、湿木板、钢筋混凝土、金属等材料或其他导电材料的地面。

4）焊接作业现场，地面金属导电物质占有系数大于 20%。

5）焊接作业现场温度高，平均气温超过 30℃。

6）焊接作业现场，人体同时接触到接地导电体和设备外壳。

（3）特别危险环境　凡具有下列条件之一者，均属特别危险环境。

1）焊接作业现场特别潮湿，相对湿度接近 100%。

2）焊接现场有腐蚀性气体、蒸气、煤气或游离物存在（如化工厂的大多数车间、铸造车间、电镀车间和锅炉房等）。

3）在金属管道、容器内部和金属结构内部焊接时。

4）同时具备上述危险环境条件中的两条时。

2. 按爆炸和火灾危险场所分类

根据发生事故的可能性和后果及危险程度，在电力装置设计规范中将爆炸和火灾危险场所划分为三类，八级。

（1）第一类　气体或蒸气爆炸性混合物的场所，共分为三级。

1）Q—1 级场所。在正常情况下能形成爆炸性混合物的场所。

2）Q—2 级场所。在正常情况下不能形成爆炸性混合物，仅在不正常情况下才形成爆炸性混合物的场所。

3）Q—3 级场所。在不正常情况下整个空间形成爆炸性混合物的可能性较小，爆炸后果较轻的场所。

（2）第二类　粉尘或纤维爆炸性混合物场所，共分为两级。

1）G—1 级场所。在正常情况下能形成爆炸性混合物（如镁粉、铝粉、煤粉等与空气的混合物）的场所。

2）G—2 级场所。在正常情况下不能形成爆炸性混合物，仅在不正常情况下才形成爆炸性混合物的场所。

（3）第三类　火灾危险场所，共分为三级。

1）H—1 级场所。在生产过程中产生、使用、加工储存或转运闪点高于场所环境温度的可燃物体，而它们的数量和配量能引起火灾危险的场所。

2）H—2 级场所。在生产过程中出现的悬浮状、堆积可燃粉尘或可燃纤维，它们虽然不会形成爆炸性混合物，但在数量与配置上能引起火灾危险的场所。

3）H—3 级场所。有固体可燃物质，在数量与配置上能引起火灾危险的场所。

9.3 焊接劳动保护

9.3.1 焊接作业存在的有害因素

在铝合金焊接作业过程中，会产生弧光辐射、金属烟尘、有害气体、高频电磁场、射线和噪声等有害因素，手工钨极氩弧焊、熔化极氩弧焊作业主要存在的有害因素是弧光辐射、金属烟尘和有害气体。

1. 金属烟尘

焊接操作中的电焊烟尘包括烟和粉尘。焊丝和母材金属熔化时所产生的金属蒸气（焊丝保护层、焊道区域、母材和夹具等中常包括的几种元素 Al、Mg、Cu、Fe、Zn、Mn、Si、Cr、Ni 等沸点都低于弧柱温度）在空气中迅速冷凝及氧化，形成金属烟尘。

金属烟尘的成分和浓度取决于焊接工艺、焊接材料及焊接参数。例如：从焊接方法比较，钎焊和切割产生的烟尘量要少于明弧焊；从焊接参数看：焊接电流增大，发光量增加，电弧电压增大，烟尘量增加；电源极性对焊接烟尘量也有影响；焊接位置不同发光量也不相同，平焊时发光量较大，烟尘量较大，立焊时次之。

2. 金属烟尘对人体的危害及防护

长期吸入高浓度的焊接烟尘，能使人呼吸系统、神经系统等发生多种严重的器质性变化。如焊工长期吸入以氧化铝为主，并伴有二氧化硅、锰、铬以及臭氧、氮氧化物等刺激性混合烟尘和有害气体，促使肺组织纤维化，从而导致"焊工尘肺"。长期吸入超过允许浓度的锰及其化合物的微粒及蒸气可致"锰中毒"。由于长期在封闭厂房、焊接厂房内进行氩弧焊，吸入氧化铝及氟化物微粒可致"焊工金属热"，因此焊接时，必须采取措施，如戴口罩，使用吸尘设备，安装通风装置，选用低尘焊丝或采用自动焊代替手工焊等。焊接时，密封胶和残留的异丙醇等化学品，经高温电弧热解作用，通过直接氧化和置换反应的氧化作用，成为锰蒸气（主要为氧化亚锰气溶胶）而凝固成为锰的烟尘。

3. 焊接电弧周围存在的有害气体

在焊接电弧的高温和强烈紫外线作用下，焊接电弧周围形成多种有毒气体，主要有：臭氧、一氧化碳、氮氧化物、氟化氢等，主要是对肺有刺激性作用。对上呼吸道黏膜刺激不大，对眼睛的刺激也不大，一般不会立即引起明显的刺激症状。慢性中毒时造成精神衰弱、上呼吸道黏膜发炎、慢性支气管炎等，急性中毒时，由于高浓度的氮氧化物作用于呼吸道深层，所以中毒初期仅会引起轻微的眼和喉部不适（刺激），潜伏期过后，将会发生急性支气管炎，甚至引起肺水肿、呼吸困难、虚脱、全身乏力等症状。

4. 焊接弧光

焊接电弧在产生高温满足焊接需要的同时，也会产生强烈的弧光辐射，焊接弧光辐射包括红外线、可见光线、紫外线。弧光作用到人体上，被体内组织吸收，引起人体组织的热作用、光化学作用和电离作用，会发生急性或慢性损伤，如皮肤受强烈紫外线的作用可引起皮炎、慢性红斑，有时会出现小水泡，渗出液和浮肿，有烧灼感、发痒、脱皮。严重时能损害眼角膜和结膜，从而产生急性结膜炎，即电光性眼炎。在焊接过程中，眼部受到强烈的红外线辐射，立即感到强烈的灼伤和灼痛，发生闪光幻觉。长期接受红外线可能造成白内障，视力减退，严重时导致失明。

5. 高频电磁场对人体的危害及安全措施

非熔化极氩弧焊和等离子弧焊时，为了迅速引燃电弧，须由高频振荡器来激发引弧。振荡器的较高频为 $150 \sim 260kHz$，电压高达 3500V。由于振荡器的高频电流作用，在振荡器和电源传输线路附近的空间，形成高频电磁场，所以长期接触场强较高的高频电磁场，对人体有一定影响。一般会引起头晕、头痛、乏力、记忆力减弱、心悸、胸闷、消瘦、神经衰弱和植物神经功能紊乱等。

为防止高频电磁场对人体的影响，应采取以下安全措施。

1）缩短高频电磁场作用的时间，引燃电弧后，立即切断高频电源（如高频振荡器）。

2）焊枪和焊接电缆用金属编织屏蔽，并可靠接地。

3）用接触法引弧或晶体管脉冲引弧取代高频引弧。

6. 氩弧焊和等离子弧焊的放射性对人体的危害

氩弧焊和等离子弧焊时使用的钍钨电极，是天然的放射性物质，能放出 90% 的 α 射线、10% 的 β 射线、1% 的 γ 射线，焊接时钍及其衰变产生的烟尘被吸入体内，很难从体内排除，从而形成照射，长期危害人体健康。放射物质经常少量进入并蓄积于体内，则可能引起病变，造成中枢神经系统、造血器官和消化系统的疾病，严重者导致放射病。

7. 噪声

（1）噪声的种类　根据产生噪声来源的不同，噪声可分为以下几种。

1）机器性噪声。是由于机械的撞击、摩擦、转动所产生的声音，如冲压、打磨、机加工、纺织机等，绝大部分生产性噪声属于这一类噪声。

2）流体动力性噪声。是由于气体压力或体积的突然变化或液体流动所产生的声音，如空气压缩产生的高压风、高压水发射等所产生的声音。

3）电磁性噪声。如变压器发出的声音。

（2）噪声对人体的影响　噪声对人的影响可以分为生理影响和心理影响两个方面。

1）生理影响。噪声首先会对听力产生影响，当噪声高到一定强度时，会造成听力损伤。大量研究表明，噪声超过 75dB（A）时，将开始对人的听力造成影响。早期表现为听觉疲劳，产生暂时性听力阈移，离开噪声环境后可以逐渐恢复，但久之则难以恢复，成为永久性阈移，造成听力损失。

2）心理影响。主要表现在引起人们的烦恼；使人精力不易集中，影响学习、工作效率和休息。长期烦恼并休息不好，就会产生一系列的生理变化，导致神经功能症、高血压等各种疾病。

（3）职业性噪声的预防与控制

1）控制和消除噪声源是防止噪声危害的根本措施。

2）合理规划设计厂区与厂房，产生强烈噪声的车间和非噪声车间之间应有一定的距离。

3）通过吸声、消声、隔声、隔振等手段控制噪声传播和反射。

4）当工作场所噪声强度超过职业接触限值时，配戴个人听力保护器是一项有效的预防措施。

5）实施听力监护措施。

6）定期对接触噪声的员工进行职业健康检查，观察听力变化的情况，以便早期发现听力损伤，及时采取有效措施，听觉系统疾病患者忌从事噪声作业，对已经发生职业性噪声耳聋的患者应调离该岗位。

9.3.2 焊接劳动保护措施

所谓焊接劳动保护是指为保障职工在生产劳动过程中的安全和健康所采取的措施。如果在焊接过程中不注意安全生产和劳动保护，就有可能引起爆炸、火灾、灼烫、触电、中毒等事故，甚至可能使焊工患上尘肺、电光性眼炎、慢性中毒等职业病。因此，在生产过程中必须重视焊接劳动保护，焊接劳动保护应贯穿于整个焊接工作的各个环节。加强焊接劳动保护的措施很多，主要应从两方面来控制：一是研究和采用安全卫生性能好的焊接技术，提高焊接机械化、自动化程度，从焊接技术角度减少污染，减轻焊工与有害因素的接触，从某种意义上讲，这是更为积极的防护；二是加强焊工的个人防护。

1. 焊接劳动保护环节

要在焊接结构设计、焊接材料、焊接设备和焊接工艺的改进和选用、焊接车间设计和安全卫生管理等各个环节中，积极改善焊接劳动卫生条件。如设计焊接结构时，要避免让焊工进入狭窄空间焊接，对封闭结构施焊要开合理的通风口。焊接材料和焊接设备应尽量提高安全卫生性能。制定焊接工艺时，要优先选用自动焊或机器人焊接。要经常对焊工进行安全教育，定期监测焊接作业场所中有害物质的浓度，督促生产和技术部门采取措施，改善安全卫生状况。焊接劳动保护要从多方面综合采取措施。

（1）焊接作业场所的通风

1）在焊接过程中，采取通风措施，降低工人呼吸带入空气中的烟尘及有害气体浓度，对保证作业工人的健康是极其重要的。

2）焊接通风是经过通风系统向车间送入新鲜空气，或将作业区域内的有害烟气排出，从而降低工人作业区域空气中的烟尘及有害气体浓度，使其符合国家卫生标准，以达到改善环境，保护工人健康的目的。一个完整的通风除尘系统，不只是将车间内被污染的空气排出室外，还应将被污染的空气净化后再排出室外，这样才能有效地防止对车间外大气的环境污染。

（2）焊接通风的分类

按通风换气的范围，焊接通风分为局部通风和全面通风两类。焊接局部通风主要是局部排风，即从焊接工作点附近收集烟气，经净化后再排出室外。全面通风是指对整个车间进行的通风换气。它是以清洁的空气将整个车间空气的有害物质浓度冲淡到最高允许浓度以下，并使之达到卫生标准。

1）局部通风系统。局部通风系统由排烟罩、风管、风机和净化装置组成。排烟罩用于捕集电焊过程中散发的电焊烟尘，装于焊接工作点附近；风管用于输送由排烟罩捕集的电焊烟气及净化后的空气；风机用于推动空气在排风系统内的流动，一般采用离心风机；净化装置（除尘器）用于净化电焊烟气。局部通风系统有固定式、移动式和随机式三种。

局部通风所需风量小，烟气刚刚散发出来就被排风罩口吸走，因此，烟气不经过作业者呼吸带，也不影响周围环境，通风效果较好。

2）全面通风系统。全面通风系统包括全面机械通风和全面自然通风。以风机为动力的通风系统，称为全面机械通风系统。它是通过风机及管道等组成的通风系统进行厂房、车间的通风换气。全面自然通风是通过车间侧窗及天窗进行通风换气的。

全面机械通风的效果不仅与换气量及换气机械系统布置方式有关，还与所需的风机、风管等设备有关。全面通风的目的是尽可能在较大空间范围内减少烟气对操作者及作业环境的污染程度，将焊接烟尘及有害气体从厂房或车间的整体范围内较多地排出，尽量使进、排气流均匀分布，减少通气死角，避免有害物质在局部区域积聚。全面通风不受焊接工作地点布置的限制，不妨碍工人操作，但散发出来的烟气仍可能通过工人呼吸带。焊接作业点多，作业分散，流动性大的焊接作业场所应采用全面通风系统。焊工作业室内净高低于 3.5～4m 或每个焊工作业空间小于 200m³ 时，工作间（室、舱、柜等）内部结构影响空气流通，应采用全面通风换气系统。

（3）焊接通风的特点　焊接烟尘不同于一般机械性粉尘，它具有以下特点。

1）电焊烟尘粒子小。

2）电焊烟尘黏性大，因烟尘粒子小、带静电、温度高而使其黏性大。

3）电焊烟尘温度高，在排风管道和除尘器内空气温度达 60～80℃。

4）焊接过程发尘量大，一个焊工操作一天所产生的烟尘量为 60～150g。

由于焊接烟尘的特点，电焊烟尘的通风除尘系统必须针对以上特点采取有效措施。

2. 弧光的防护措施

焊接弧光主要危害人体的眼睛和皮肤，只要采取行之有效的防护措施和个人防护措施，就完全可以达到保护作业人员身体健康的目的。弧光防护措施如下：

（1）设置防护屏　一般在小件焊接的固定场所设置防护屏，以保护焊接车间工作人员的眼睛。防护屏的材料可用薄铁板、玻璃纤维布等不燃或难燃的材料制作。

（2）采用合理的墙壁饰面材料　在较小的空间施焊时，为防止弧光反射，可采用吸光材料做墙壁饰面材料。

（3）保证足够的防护距离　弧光辐射强度随距离的加大而减弱，在自动或半自动焊作业时，应保证足够的防护间距。

（4）改进工艺　尽量采用自动焊或半自动焊、埋弧焊，尽可能使工人远离施焊地点操作。对弧光很强、危害严重的焊接方法应将弧光封闭在密闭装置内。

（5）对弧光的个人防护　焊工自身要采取个人防护措施，以减少弧光辐射的危害。

3. 焊接作业个人防护措施

焊工的防护用品是保护工人在劳动过程中安全和健康所需要的、必不可少的个人预防性用品。在各种焊接与切割作业中，一定要按规定佩戴，以防造成对人体的伤害。

焊接作业时使用的防护用品种类较多，有防护面罩、头盔、防护眼镜、安全帽、防噪声耳塞、耳罩、工作服、手套、绝缘鞋、安全带、防尘口罩、防毒面具及披肩等。

（1）焊接防护面罩或头盔　焊接防护面罩是一种防止焊接金属飞溅、弧光及其他辐射使面部、颈部损伤，同时通过滤光镜片保护眼睛的一种个人防护用品。常用的有手持式面罩（见图 9-1）、头盔式面罩两种。而头盔式面罩又分为普通头盔式面罩（见图 9-2）、封闭隔离式送风焊工头盔式面罩（见图 9-3）、输气式防护焊工头盔式面罩（见图 9-4）及自动变光送风式头盔式面罩（见图 9-5）。

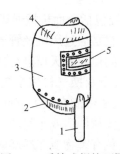

图 9-1　手持式焊接面罩

1—手柄　2—下弯面　3—面罩主体　4—上弯面　5—观察窗

图 9-2　普通头盔式面罩

1—头箍　2—上弯面　3—观察窗　4—面罩主体

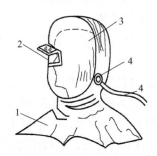

图 9-3　封闭隔离式送风焊工头盔式面罩

1—披风　2—观察窗　3—送风管　4—呼吸阀

1）普通头盔式面罩。面罩主体可上下翻动，便于双手操作，适合于各种焊接作业，特别是高空焊接作业。

2）输气式防护焊工头盔式面罩。主要用于熔化极氩弧焊，特别适用于密闭空间焊接，该头盔可使新鲜空气通达眼、鼻、口三部分，从而起到保护作用。

3）封闭隔离式送风焊工头盔式面罩。主要用于高温、弧光较强、发尘量高的焊接与切割作业，如 CO_2 气体保护焊、氩弧焊、空气碳弧气刨、等离子弧切割及仰焊等，该头盔呼吸畅通，既防尘又防毒。缺点是价格太高，设备较复杂，焊工行动受送风管长度限制。

4）自动变光送风式头盔式面罩。主要用于高温、弧光较强、发尘量高，且焊缝质量等级要求非常高的焊接与切割作业，如铝合金钨极氩弧焊、熔化极氩弧焊、等离子弧切割及仰焊等，该面罩可实现焊接自动变光及送风功能，使用操作简单方便，但价格非常昂贵。

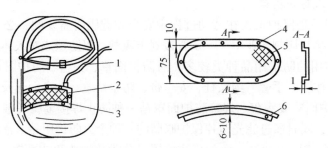

图 9-4　输气式防护焊工头盔式面罩

1—送风管　2—小孔　3—风带　4—固定孔　5—送风孔　6—送风管插入孔

a) 带风管的自动变光面罩　　　　　　　b) 送风装置

图 9-5　自动变光送风式头盔式面罩

（2）防护眼镜　主要是采用防护滤光片。

焊接防护滤光片的遮光编号以可见光透过率的大小决定，可见光透过率越大，编号越小，颜色越浅。对于滤光片的颜色，焊工较喜欢黄绿色或蓝绿色，如图 9-6 所示。

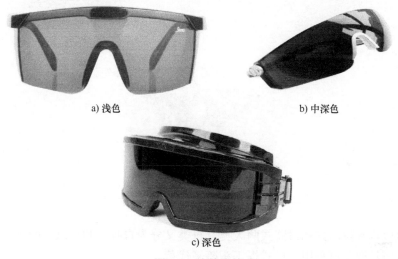

a) 浅色　　　　　　　　　　b) 中深色

c) 深色

图 9-6　防护眼镜

焊接滤光片分为吸收式、吸收 - 反射式及电光式三种，吸收 - 反射式比吸收式好，电光式镜片造价高。

焊工应根据电流大小、焊接方法、照明强弱及本身视力的好坏来选择合适的滤光片，可参见表 9-2。

表 9-2　遮光片的选择

焊接方法	焊接电流 /A	最低滤光号	推荐滤光号
钨极惰性 气体保护焊	< 50	8	10
	50 ～ 100	8	12
	150 ～ 500	10	14

如果焊接、切割中的电流较大，就近又没有滤光号大的滤光片，可将两片滤光号较小的滤光片叠加起来使用，效果相同。当把 1 片滤光片换成 2 片时，可根据下列公式折算，即

$$N=(n_1+n_2)-1$$

式中　　N——1 个滤光片的遮光号；

n_1、n_2——2 个滤光片各自的遮光号。

为保护焊工的视力，焊接工作累计 8h，一般要更换一次新的滤光片。

（3）防尘口罩及防毒面具　焊工在焊接与切割过程中，当采用的通风装置不能使焊接现场烟尘或有害气体的浓度达到卫生标准时，必须佩戴合格的防尘口罩或防毒面具，如图 9-7 所示。

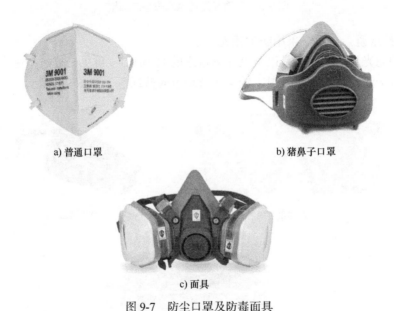

a) 普通口罩　　　　　　　　　　　b) 猪鼻子口罩

c) 面具

图 9-7　防尘口罩及防毒面具

1）防尘口罩有隔离式和过滤式两大类。每类又分为自吸式和送风式两种。

2）防毒面具通常可采用送风式焊工头盔来代替。

（4）防噪声保护用品　防噪声防护用品主要有耳塞、耳罩、防噪声棉等。最常用的是耳塞、耳罩，如图 9-8、9-9 所示，最简单的是在耳内塞棉花。

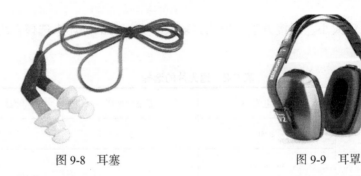

图 9-8　耳塞　　　　　　　　　　　　图 9-9　耳罩

1）耳塞是插入外耳道最简便的护耳器，它分大、中、小三种规格。耳塞的平均隔声值

为 15 ～ 25dB，其优点是防噪声作用大、体积小、携带方便、易于保存、价格便宜。

　　佩戴各种耳塞时，要将塞帽部分轻推入外耳道内，使它与耳道贴合，但不要用力过猛或塞得太深，以感觉适度为宜，如图 9-10 所示。

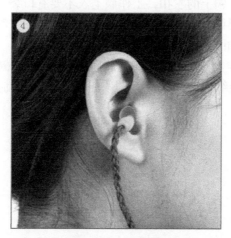

图 9-10　耳塞佩戴

　　2）耳罩是一种以椭圆或腰圆形罩壳把耳朵全部罩起来的护耳器。耳罩对高频噪声有良好的隔离作用，平均隔声值为 15 ～ 30dB。

　　使用耳罩时，应先检查外壳有无裂纹和漏气，而后将弓架压在头顶适当位置，务必使耳壳软垫圈与周围皮肤贴合。

　　（5）安全帽　在多层交叉作业（或立体上下垂直作业）现场，为了预防高空和外界飞来物的危害，焊工应佩戴安全帽，如图 9-11 所示。

进入施工现场
必须戴安全帽

图 9-11　安全帽佩戴

　　安全帽必须有符合国家安全标准的出厂合格证，每次使用前都要仔细检查各部分是否完好，是否有裂纹，调整好帽箍的松紧程度，调整好帽衬与帽顶内的垂直距离，应保持在 20 ～ 50mm。

　　（6）工作服　焊工穿的工作服，主要起到隔热、反射和吸收等屏蔽作用，使焊工身体免受焊接热辐射和飞溅物的伤害。

　　焊工常用白帆布制作的工作服，在焊接过程中具有隔热、反射、耐磨和透气性好等优点。

在进行全位置焊接和切割时，特别是仰焊或切割时，为了防止焊接飞溅或熔渣等溅到面部或额部造成灼伤，焊工可使用石棉物制作的披肩、长套袖、围裙和鞋盖等防护用品进行防护。

在焊接过程中，为了防止高温飞溅物烫伤焊工，工作服上衣不应系在裤子里面；工作服穿好后，要系好袖口和衣领上的衣扣，工作服上衣不要有口袋，以免高温飞溅物掉进口袋中引发燃烧，工作服上衣要做大，衣长要过腰部，不应有破损空洞，不允许沾有油脂，不允许潮湿，工作服应较轻，如图 9-12 所示。

（7）手套、工作鞋和鞋盖　在焊接和切割过程中，焊工必须戴防护手套，手套要求耐磨，耐辐射热，不容易燃烧，绝缘性良好，最好采用牛（猪）绒面革制作手套，如图 9-13 所示。

图 9-12　焊工工作服

在焊接过程中，焊工必须穿绝缘工作鞋。工作鞋应该是耐热、不容易燃烧、耐磨、防滑的高筒绝缘鞋。工作鞋使用前，须经耐压试验 500V 合格，在有积水的地面上焊接时，焊工的工作鞋必须是经耐压试验 600V 合格的防水橡胶鞋。工作鞋是黏胶底或橡胶底，鞋底不得有铁钉。

图 9-13　焊工专用防护手套

焊接过程中，剧烈的焊接飞溅物坠地后，四处飞溅。为了保护好脚不被高温飞溅物烫伤，焊工除了要穿工作鞋，还要系好鞋盖。鞋盖只起隔离高温焊接飞溅物的作用，通常用帆布或皮革制作。

4. 加强焊接作业的管理，建立健全严格的规章制度

1）焊工管理制度（钢印制度、持证上岗制度）。

2）设备、工具维护检验制度。

3）动火制度。

4）工作命令，焊接工艺卡片制度。

5）加强个人防护。焊工必须按规定穿戴好防护用品和戴好符合标准的面罩和护目镜等。

6）搞好卫生保健工作。焊工应进行从业前的体检和每两年的定期体检；焊工应有更衣室和休息室；作业完毕后要及时洗手、洗脸、并经常清洗工作服和手套等。

总之，为了杜绝和减少焊接作业中发生工伤事故和职业危害，必须科学、认真地做好安全组织和防护措施，加强焊接作业的安全技术和工业卫生管理。这样，我们的焊接作业人员就可以在一个安全、卫生、舒适的环境内发挥出高超的技艺，顺利完成焊接作业。

参考文献

[1] 中国机械工程学会焊接学会.焊工手册[M].北京：机械工业出版社，2001.

[2] 陈祝年，等.焊接工程师手册[M].北京：机械工业出版社，2019.

[3] 胡煌辉.铝合金焊接技能[M].北京：中国劳动社会保障出版社，2005.

[4] 黄旺福.铝及铝合金焊接指南[M].长沙：湖南科学技术出版社，2004.

[5] 赵卫.现代装备制造业技能大师技术技能精粹焊工[M].长沙：湖南科学技术出版社，2013.

[6] 彭博.焊工（基础知识）[M].北京：机械工业出版社，2016.